日本住宅解剖图鉴
打造美丽住宅的85个法则

[日] 藤原昭夫 著
张 伦 译

江苏凤凰科学技术出版社

目录

第 3 章
上下关系为生活创造变化

第 4 章
打造美丽的住宅外观（外表·开口）

第 5 章
结构和材料提升住宅格调

结语

第 1 章

建筑物与其用地
的深层关系

建造一栋建筑，要让它给人一种仿佛从地面上长出来一样的感觉。意思就是说，建筑要与所在的土地相融，这样的建筑才最自然，才是我们需要的。

　　要做到这一点，就要在考量建筑用地周边环境，土地大小、形状、高低，与道路的关系等多个要素的基础上，去探讨建筑最合理的配置和容量。

※ 本书中所有图中标注的尺寸以毫米（mm）计。

结合建筑用地，
通过中庭采光，消除闭塞感。

怎样高效使用狭长异型用地？

宽敞的露台与起居室连成一体，在露台上可以看到对面上的树，在起居室可以同时欣赏中庭和露台上的绿意

玄关通道上架起玻璃房顶，营造出一种从室外通路、过道、玄关再到室内的一体感

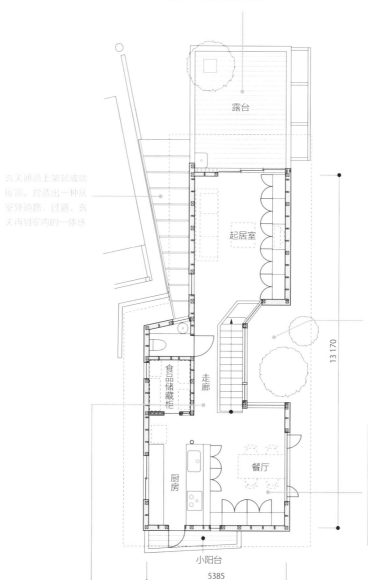

露台

起居室

中庭虽小，但可为1层各房间带去足够的光照，同时，也给2层的起居室、餐厅带去绿色风景

13170

食品储藏柜

走廊

厨房

餐厅

小阳台

5385

2层

从餐厅隔着楼梯看向起居室，来自中庭的明亮光照洒落在餐桌上

从厨房侧面隔着楼梯上部看小庭园。左边是起居室

　　当用地狭长，宽度、深度均没有富余，又被邻家包围时，各个房间的分配基本已经自然成型。要确保位于深处的起居室符合法规规定的必要采光，则需要在建筑物大概中央的位置设置中庭，同时在建蔽率允许的范围内，考虑好优先顺序，从内部开始确保必要的居室。若将并未计算在建蔽率内的车棚及其旁边的通道设置在道路旁边，那么不光法规不允许，建筑用地的余地也所剩无几。

　　住宅中最舒适的，是客厅式餐厅，这个空间只能设置

玄关大厅。来自中庭的光照使容易阴暗的卧室以及朝向用水区域的走廊变得明亮

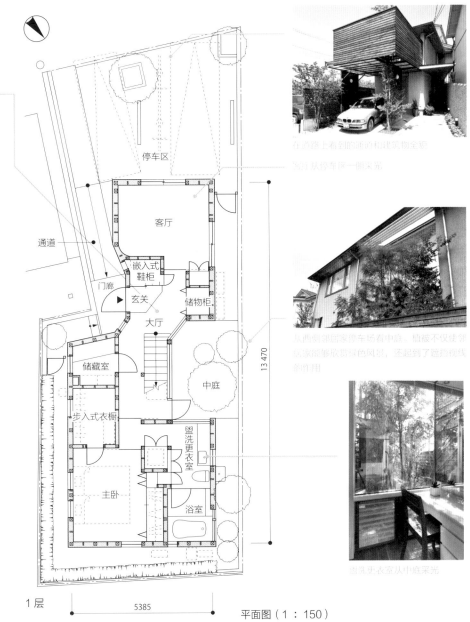

在道路上看到的露台和建筑物全貌——为了从停车场一侧采光

从西侧邻居家停车场看中庭。树被不仅使邻居家能够欣赏到绿色的风景，还起到了遮挡视线的作用

盥洗更衣室从中庭采光

停车区

客厅

通道

嵌入式鞋柜

门廊

玄关

储物柜

大厅

储藏室

步入式衣橱

中庭

盥洗更衣室

主卧

浴室

13 470

5385

1 层

平面图（1：150）

在 2 层。若要紧接着这个客厅，在屋外设置一个露台，则只能建在车棚上方，以不算在建蔽率的形式来建造。最后留给设计师的选择，只有中庭的位置和形状。

　　图示案例中，西侧是停车场，所以，该建筑选择了符合法规规定的位置及形状，在西侧设置了一块空地，以增加用地的开放性。当用地稍微有些富余的时候，为了确保即使停车场内有建筑，阳光也能照射到中庭，就不能将中庭南侧的 2 层部分设置为房间，而是应该做成露台等可使阳光通过的区域，这一点值得注意。若要将设置在建筑物中央的中庭四周用玻璃围起来，并使露台像从停车场上方突出一般，那么建造稳固的墙体就比较难以操作，所以针对这些问题，必须要在基础设计阶段就要想好应对方案。

（案例名称：真间川的住宅）

A 在 "コ" 形平面中充分利用中庭。

5550

11830

2730

壁橱

浴室

日式房间

更衣室

盥洗

储藏室

要想使阳光射入北侧房间，中庭南北之间需要保留2730 mm的距离

中庭

单层排列窗

透光的镂空楼梯

通风专用小窗

大厅

步入式衣橱

扩充此处宽度，将1818 mm宽的玄关再增加455 mm，做成一个开阔的玄关，这种开阔感同样也会体现在2层的露台

玄关

主卧

A

门廊

6050

A'

平面图（1：150）

1层

在建筑较为密集有纵深的南侧道路的用地上，南侧有玄关,较难设置太多向阳的房间。1层的走廊、北侧的房间极容易一整天都没有光照。

这种情况下，可在房子中央附近，东西任意一个方向，设置一个"コ"形庭园，整栋房子的样态都会发生改变。一打开门廊的门，就是一个可看到庭园的舒适的玄关。将只有踏板的楼梯和走廊沿着庭园设置，所有面对庭园的地方都会变得异常舒适。

构造上，庭园周边较难设置承重墙，因此，施

工费用会有所增加，但光照会有非常大的改善。

这种建造手法中，最重要的一个技巧就是"不建"。换言之，计划建两层，但庭园南侧玄关上不建房间。此法有助于阳光射入庭园，庭园充满生机，使1层北侧的房间也有光照进入。楼梯上的2层不建墙壁，仅设置镂空的扶手，不遮挡视线，起居室也会看起来更宽敞。

（案例名称：镰仓的住宅）

空地南侧不设置 2 层,而是做成露台,以使阳光照射到下层;同时,在餐厅的封闭窗下设置推拉窗,以使通风

沿着空地设置只有踏板的层梯,走廊也会变得明亮又通风

正面是可以看到庭园的玄关大厅。走进玄关即可看到中庭,对面的日式房间亦隐约可见

扁钢扶手,打造视觉的开阔感　　厕所入口做成壁龛,从餐厅和起居室都看不到厕所门

扁钢扶手,不会遮挡通向中庭的阳光

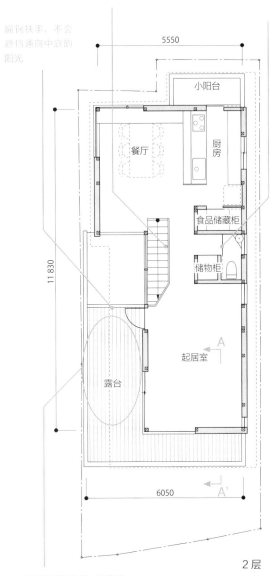

5550

小阳台

餐厅

厨房

食品储藏柜

储物柜

11 830

露台

起居室

A

6050

A'

2 层

此处不设置房间,以保证有阳光射进中庭

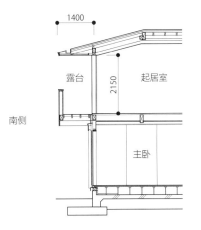

1400

露台　　2150　　起居室

南侧

主卧

A-A' 剖面图（1 : 150）

A 考量是否能获得充分的光照至关重要。

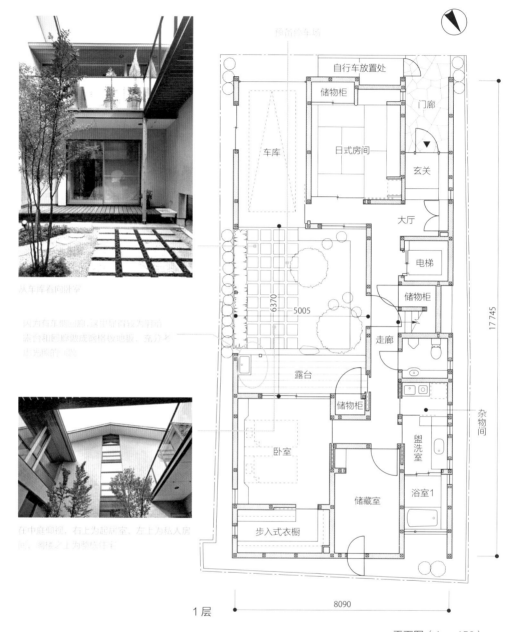

从车库看向卧室

因为有车库的阳，这里需要较大坡度的露台和回廊做成阶梯状地板，充分上走势画的斜坡。

在中庭俯视，右上为起居室，左上为私人房间，回廊之上为整体浴室

自行车放置处

储物柜

门廊

车库

日式房间

玄关

大厅

电梯

储物柜

走廊

6370 5005

露台

储物柜

杂物间

卧室

盥洗室

储藏室

浴室1

步入式衣橱

17 745

8090

1层

平面图（1：150）

需要从中庭采光的话，按法规规定大部分情况，有5 m距离就够了。但是独户住宅的中庭，跟公寓的中庭不一样，并不是只是为了采光而存在的，它是另一个外部房间。这个空间必须要做得足够有魅力。使它具备魅力的要素之一就是阳光。

两层独栋建筑的魅力展现，与中庭的地面至屋檐，特别是至庭园南侧檐头的距离和宽度息息相关。图示案例中，庭园的宽度为东西5 m，南北6.3 m左右，墙壁高度为西侧7.5 m左右，南侧5.5 m。特别是2层东侧的露台，因有回廊相接，所以中庭东西的宽度实际只有4 m。回廊部分的露台的扶手高度为2 m，起到了遮挡东侧邻家的作用，阳光不能充分射入，因此，植物也不能良好生长，回廊下部即成为一个昏暗而没有魅力的空间。

从2层单人房间前的走廊看向2层落台，落台下方易变昏暗，落台地板都采用调格板。图右侧的墙壁约2m高，这里形成一个不用石总围围起来的... 秘密的中庭

射入餐厅的光照进入起居室，也有光照从天窗落下。起居室的开口部仅有这些，墙壁、天花板几乎都为灰泥墙面，此处形成一个被包围起来的宁静空间

从起居室看向接坪、落台

从起居室看来自中庭的光照进入餐厅，起居室和餐厅之间，装上了可遮挡视线的滚动百叶窗，但似乎并没有怎么使用

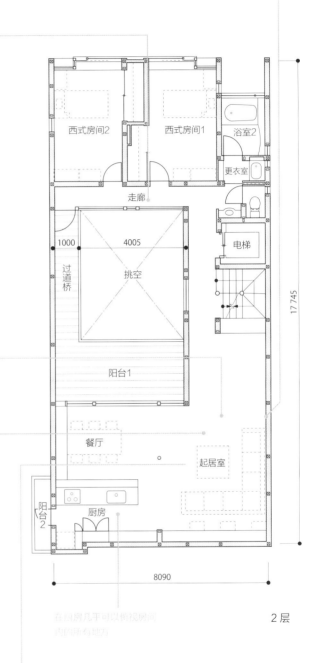

西式房间2　西式房间1　浴室2　更衣室　走廊　1000　4005　过道桥　挑空　电梯　17745　阳台1　餐厅　起居室　阳台2　厨房　8090

2层

中庭之所以做成这种结构，是考虑到了它的一个必要的潜在功能——停车。为了经过卧室、走廊的时候看到中庭，所以在设计上采用了一些不一样的做法，比如撤掉东侧的回廊等。

（案例名称：文京区的之家）

A 建造弧形外墙。

Q 如何有效利用弧形用地？

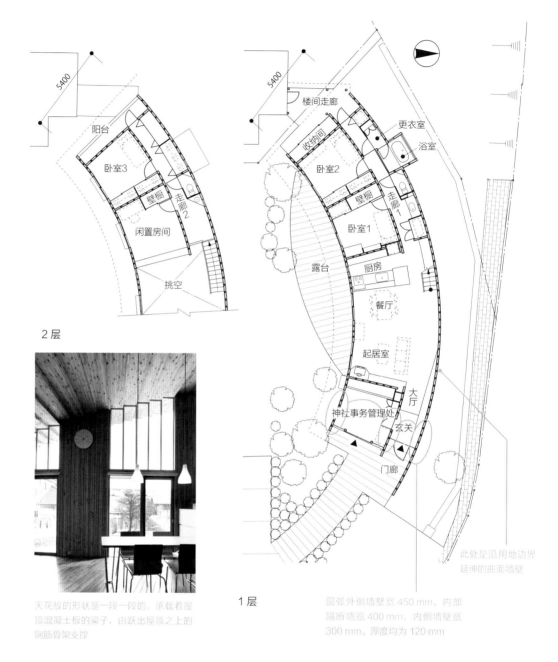

2层

天花板的形状是一段一段的，承载着屋顶混凝土板的梁子，由跃出屋顶之上的钢筋骨架支撑

1层

此处是沿用地边界延伸的曲面墙壁

圆弧外侧墙壁宽 450 mm，内部隔断墙宽 400 mm，内侧墙壁宽 300 mm。厚度均为 120 mm

平面图（1：250）

建筑设计就是一种为实现想要的概念和形象而去进行结构思考的行为。从计划手法上来讲，属于概念性、艺术性的方法。在这种情况下，想要的空间、建筑的结构形式，已经存在于脑海中。其结构形式会受到现存形式的影响，所以它有时会在无意识中，将想象的界限加以界定。如果无视这个界定去进行构想，那么不管是在技术上还是在费用上都将会出现阻碍，结果就容易建造出缺乏安全性的建筑。

图示案例中，前方并没有太新型的特异建筑空间，也没有设计上可参考的视觉画面。只有必要空间的集群沿建筑用地依次排开。设置出新的结构形式，然后让建筑结合这种形式自然生成视觉上的形态，再使用技术手段建造。这是一种可以自然地创造出新颖形态设计的手法之一，比那种在形状上纠结来纠结去，硬去设计新形态的做法，要更加优越。

墙壁由厚板层积材（宽 450 mm 以下，厚 120 mm，

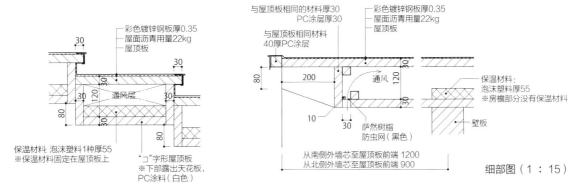

彩色镀锌钢板厚0.35
屋面沥青用量22kg
屋顶板

30

30
30
120
通风层
30
80
30
80

保温材料: 泡沫塑料1种厚55
※保温材料固定在屋顶板上

"コ"字形屋顶板
※下部露出天花板,
PC涂料(白色)

与屋顶板相同的材料厚30
PC涂层厚30

与屋顶板相同材料
40厚PC涂层

彩色镀锌钢板厚0.35
屋面沥青用量22kg
屋顶板

80
200
通风
120
30
10
30
萨然树脂
防虫网(黑色)

保温材料:
泡沫塑料厚55
※房檐部分没有保温材料

壁板

从南侧外墙芯至屋顶板前端 1200
从北侧外墙芯至屋顶板前端 900

细部图(1:15)

各壁板顶端有段状叠加的中空层积材厚顶板。平面形状为扇形,整个屋顶有三个曲面,开口部设有支撑墙。
带突出的钢板吊起

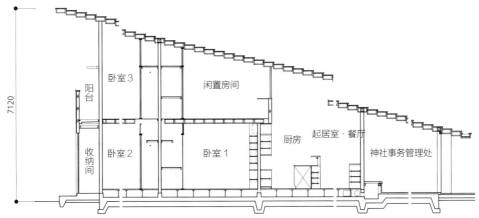

7120

卧室3

阳台

收纳间

卧室2

闲置房间

卧室1

厨房

起居室·餐厅

神社事务管理处

剖面图(1:150)

右 从东侧看,正面的玻璃部分即为神
社事务管理处。右端有住宅入口。从
东向西,屋顶呈弯曲状逐渐升高
左 朝南的露台和檐头空间。檐头形态
自然

长6m以下)构成,板材排列稍有一点角度,弧度自然。将板壁的高度一点点进行改变,就可以构造出一个倾斜空间。在高度不同的板壁上架中空层积材、混凝土厚板,即可形成内外同一高度的天花板和条状屋顶。在层积材的中空部分中添加高度一半的保温材料,剩下的空洞部分为通风层,在博风板上设置通风口,檐头的设计自然就出来了。开口部上方的横梁,要像用钢板将混凝土厚板吊起来一样架起,即形成在屋顶如龙骨飞出般的自然的设计。

(案例名称:升龙木舍)

A 利用封闭窗的挑空突出其特征。

Q 锐角形用地怎样灵活处理？

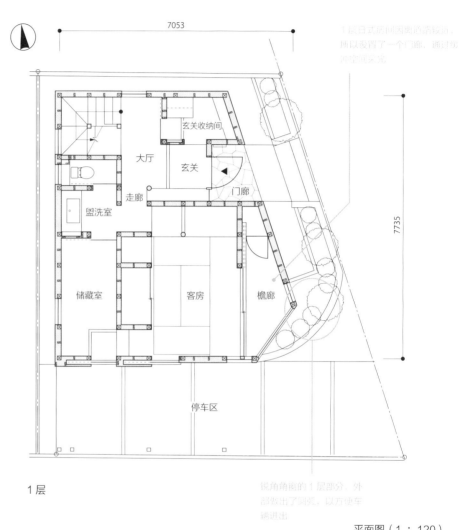

7053

1层日式居室内周围的筑较高，
所以设置了一个门廊，通过阳
台采光

玄关收纳间

大厅

玄关

走廊

门廊

盥洗室

7735

储藏室

客房

檐廊

停车区

1层

锐角角窗的1层部分，外
部做出了园景，以方便车
辆进出

平面图（1：120）

从餐厅看向起居室，正中是拐角窗，三层是挑空，体现建筑内部特征

还有一种规划方法：不要在意建筑用地南侧的锐角部分，做成空地或庭园即可。

图示案例中，特意在设计上将这个锐角做成了建筑物的特征。2层到3层的锐角做成了封闭拐角窗，体现了建筑的外观特征。3层部分的挑空体现出内部特征。

（案例名称：北浦和的住宅）

道路一侧外观。锐角角窗仿佛飘浮在空中一般，与锐角屋顶一起，体现出建筑物的特征

锐角窗内的景观

锐角窗的夜景

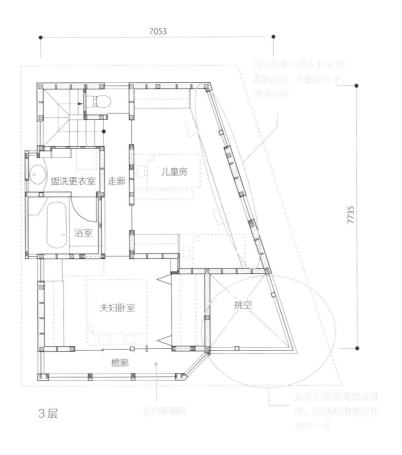

7053

7735

盥洗更衣室　走廊　儿童房

浴室

夫妇卧室　挑空

檐廊

室内眺望区

异型用地中存在较难使用的部分，可固定桌子，灵活使用

为突出锐角而做成挑空，屋面和用地形状保持一致

3层

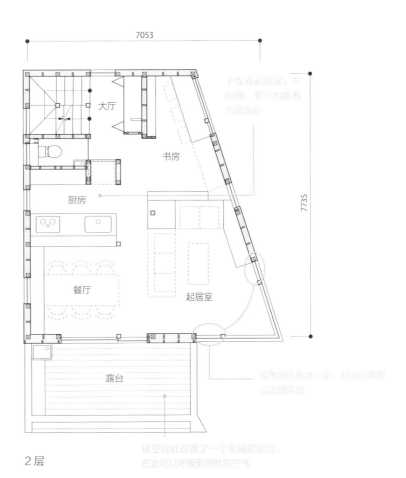

7053

7735

大厅

书房

厨房

餐厅　起居室

露台

不仅在起居室，在厨房、餐厅也能看到锐角窗

锐角部分直通3层，封闭的两侧设有通风窗

挑空远处设置了一个宽阔的露台，在此可以呼吸到新鲜的空气

2层

06 A 东南角设置相连的房间，架起方形屋顶。

Q 东南方向的拐角处位置得天独厚，如何物尽其用？

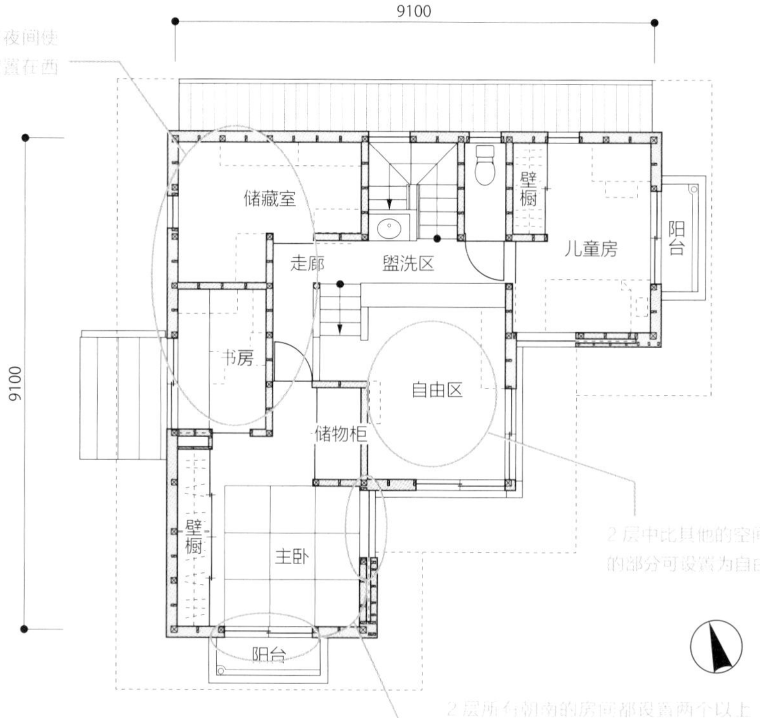

储藏室和多在夜间使用的书房，配置在西北侧
9100
9100
储藏室
走廊
盥洗区
壁橱
儿童房
阳台
书房
自由区
储物柜
壁橱
主卧
阳台
2 层中比其他的空间高约 1 m 的部分可设置为自由空间
2 层所有朝南的房间都设置两个以上方向的开口

2 层

9100
9100
庭园
浴室
盥洗更衣室
食品储藏柜
厨房
大厅
餐厅
玄关
起居室
门廊
壁橱
壁橱
露台
通道
日式房间
停车区
将房间配置成雁行型[1]，使更多的房间朝向东南侧。在用地条件优良的情况下，需要下功夫提高室内环境质量
天花板高的起居室，通过大封闭窗与庭园相连。封闭窗旁边设置推拉门，可进出宽阔的露台

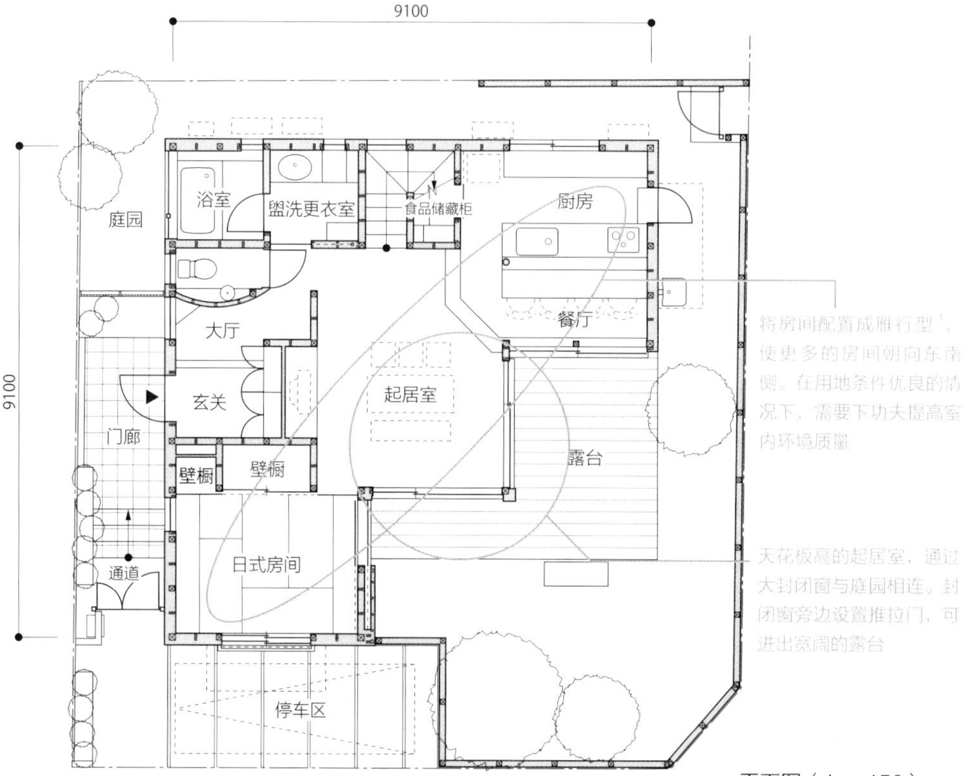

平面图（1：150）

1 层

1. 雁行型，为布局形态之一，各住户或房间斜向错开，如大雁成群飞行的状态。——译者注

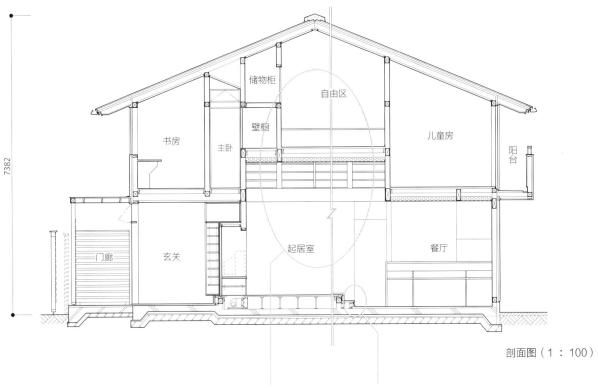

7382

剖面图（1：100）

为将1层起居室天花板做高，卧室间带来一些
变化。天花板较高部分的上方为自由区，不指
定具体用途，可自由使用

餐厅和厨房的高度，较起居室下调
150 mm，与起居室分隔开

上：南侧外观，3栋房子看似角落各朝南并列排开一般，
所有朝南的房间都有两个方向的开口
下：从1层起居室看向餐厅，只有起居室天花板较高，
除与露台相连的开口之外，也有明亮的阳光从檐廊射入

　　面对艰难的条件，设计师们都具备攻坚克难的责任心。但是，当面对优良的条件时，具备面对艰难条件时同样的责任心，将优良条件升华到一个更高的境界，这种设计师并不多见。换言之，在优良的条件下，即使设计出好住宅，那也不过是委托人的功劳；施工繁杂的状况下却做出了良好的施工效果，那是施工者的功劳，不是设计师的。很少有设计师能意识到条件越是优良，设计难度越高。

　　房产交易专家曾表示，东南角的房间是最抢手的。图示案例中，将所有的房间都做成了东南朝向，从东北至西南，三个房间像锯刀一样斜向布局，1层2层相同。上方，将中央房间的屋顶做高，架起方形的屋顶。

　　檐头为条状的破风板。1层起居室的层高做得比其他房间高一些，正上层做成家庭成员都可以使用的自由空间。如果设计仅顺应了得天独厚的条件，就不能称得上高难度，如此这般，设计其实并不简单。

（案例名称：玉川学园的住宅）

Q
低于周边建筑物的广阔用地

如何实现最佳应用？

为防止集中降雨导致雨水涌入，将
生活空间填高至 2 层

织布房　　　中庭　　　餐厅

6050

仓库大厅

细部剖面图（1：150）

左　主讲玄关与中庭，整
体结构一目了然。中庭变
成了普通形态——圆形
右上　为突出普遍性，形
态做成对称的。不将内部
的状态展现给外部，外部
由白色灰泥墙和深长的房
檐构成一个抽象的形态
随一有弧形态的楼梯，比
道路高半层，通向玄关
右下　阳光，早上照射至
日式房间、厨房、餐厅；
中午照射至餐厅；傍晚照
射至起居室

　　设计师的职责，就是应对个别条件，并赋予其相应的
形态。一般来讲，做到这一点就可以了。图示案例中的建
筑用地多少有些宽裕，并不存在太极端的个别条件或需求，
所以设计师也按一般思路理解了相关要求，给出的解答，
其形态也很普通。

　　第一个要求，庭园不能被周边的集体住宅俯视，希望
能保护隐私，避开自然风雨的威胁，且可终日享受阳光的
沐浴。另外，希望冬季有阳光照射，而夏季没有。外墙不
容易脏，洗净的衣物以及被褥晾晒易干，各家庭成员都能

方便地生活，可感受到彼此的气息，不狭窄，不空旷。

　　以上这些都是个别的要求，但在住宅设计中其实也
很普遍。因此设计师在设计上追求了一个形态，这个形
态既满足了这些普遍的要求，具备通用性，又满足了个
别的条件。

　　从结果上来看，作为一栋比道路低约 1.2 m 的住宅，
为了防止集中暴雨时雨水倒灌，所以将居住层调高了一层
的高度。将下方做成租赁空间，赚取房租，抵消因填高工
程增加的施工费用。在填高的方形居住层中央，设置一个

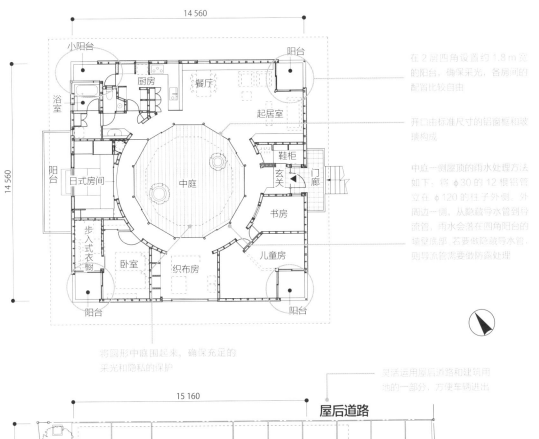

14 560

14 560

小阳台　阳台
厨房　餐厅
浴室　起居室
阳台　鞋柜
日式房间　中庭　玄关　门廊
步入式衣橱
卧室　织布房　儿童房
阳台　阳台

2 层

在 2 层四角设置约 1.8 m 宽
的阳台，确保采光，各房间的
配置比较自由

开口由标准尺寸的铝窗框和玻
璃构成

中庭一侧屋顶的雨水处理方法
如下：将 φ30 的 12 根铝管
立在 φ120 的柱子外侧，外
周边一侧，从隐藏导水管到导
流管，雨水会落在四角阳台的
墙壁底部，若要做隐藏导水管，
则导流管需要做防盗处理

将圆形中庭围起来，确保充足的
采光和隐私的保护

灵活运用屋后道路和建筑用
地的一部分，方便车辆进出

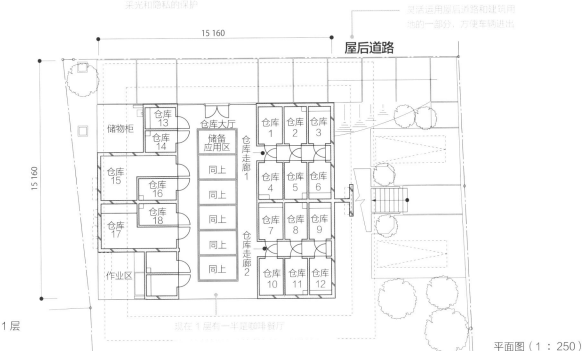

15 160

屋后道路

15 160

储物柜
仓库13　仓库大厅　仓库1　仓库2　仓库3
仓库14　储备应用区
　　　　同上　仓库走廊1
仓库15　同上　仓库4　仓库5　仓库6
仓库16　同上
仓库18　同上　仓库7　仓库8　仓库9
仓库17　同上　仓库走廊2
作业区　同上　仓库10　仓库11　仓库12

1 层

现在 1 屋有一半是咖啡餐厅

平面图（1：250）

圆形（12 条边）的中庭，由此一来，这栋住宅既完全避开了外界的视线，
且同时可终日沐浴来自中庭的阳光。

　　关于外墙清洁防污以及控制光照的问题，仅将房檐挑出多一些即可，个
别的形态并不体现在外部，做成一般的即可。这就是将概念形态化的规划手
法——概念法。但毕竟周边多是集体住宅，所以从结果上来看，在街道景致
中，这栋住宅在形态上仍然很独特。

（案例名称：方圆泛居）

檐头长 1.5 m，其椽子尺寸为 105×35@450 mm，
天花板内橼条和墙架柱形成了桁架结构，负重抗震都
没有问题

A 筑高围墙，建造以广阔空地为中心的结构。

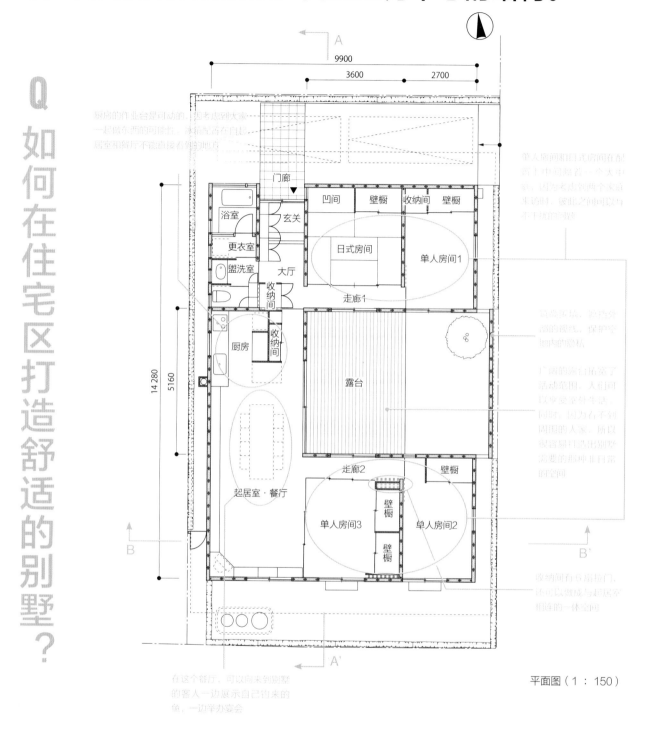

平面图（1：150）

海边的房子多受海风影响，金属建材容易生锈或遭电化学腐蚀。即使铺设板子，也依然存在钉子等容易生锈的部件，因此，这栋住宅基本全部由木材覆盖，层积材墙壁，层积材的厚板内侧和外侧都露在外部。

附近是当地的住宅区，人来人往颇为热闹。若做成开放式别墅，那么想来这里放松的人，就会与普通的生活者产生冲突。为避免这个问题，于是设置一个边长约 5.4 m 的露台，这样一来即可安心享受室外生活。将各房间面向露台，各个房间的观景视角都会发生改变，从而带来更多彩的情趣体验。

（案例名称：夷隅郡的住宅）

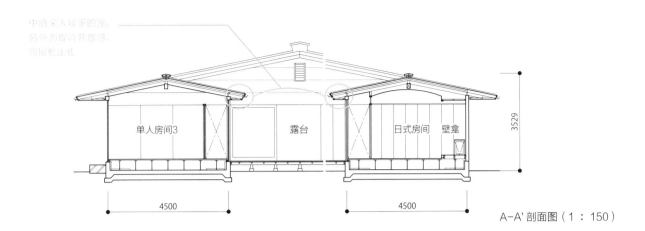

中庭采入较多的光，
另外为居高开放感，
设屋檐压低

单人房间3　　　　露台　　　　日式房间　壁龛

3529

4500　　　　　　　4500

A-A' 剖面图（1：150）

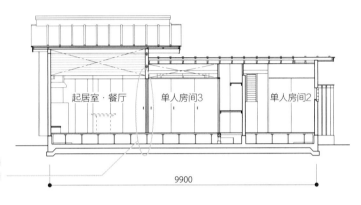

起居室·餐厅　　单人房间3　　单人房间2

9900

B-B' 剖面图（1：150）

人多的时候，可将和门隔
扇拆掉，并成与起居室相
连的大开间

左上　从南侧道路看建筑物，中庭也有高高的围墙环绕，可遮挡住来自外部
的视线
左中　中庭景观
左下　从日式房间看向中庭
右　从起居室看向餐厅和中庭，餐桌上的照明器具装有投影装置

A 做一个用建筑物和石墙围起来的圆形庭园。

Q 如何处理南侧的高石墙？

交叉于圆弧状的墙壁的隔断墙，呈放射状设置在圆弧中心，防止出现锐角空间。浴槽嵌在铺设瓷砖的高400 mm 的台状部分中

道路

玄关

闲置房间

娱乐室

日式房间

一段长长的通道直通玄关，此处用做车棚，单调的外墙轮廓添加浮雕镶边

庭园可加水，做成浅池

布局兼 1 层平面图（1：150）

楼梯尽头是起居室，在方形外墙上架起弧形天花板，室内看不到梁的结构

在宽 3 m、长 10 m 的建筑用地延长区域——旗杆形用地上，南侧有一个 4 m 高的崖。将旗杆状部分做成车棚和通道，前端部分设置玄关。结合不规则用地的特性，设置台状的共两层的地板，然后朝着崖的方向，自地面起，挖出一个半径约 5 m 的半圆，以确保各房间的日照。

为不受限于曲面和崖地条例，做成钢筋混凝土构造，再在原本单调的墙面上用简单的浮雕镶边。

（案例名称：佐仓的住宅）

从起居室一侧看向卧室，生活空间经过通桥就是卧室空间

半圆形庭园南侧为 4 m 高的石墙，紧靠阳台，所有开口部都是同一个形状，部分为全开的单向窗，其余是对称的封闭窗和可开闭的小窗户的组合

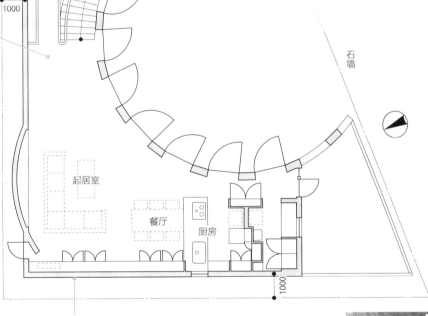

3000

600

11 000

1000

卧室

1000

石墙

起居室

餐厅

厨房

1000

2 层

为将室内做成与外界隔绝的别样世界，周边墙壁基本未设置开口。离中庭较远、光不容易照到的地方则通过天窗采光

厨房和餐厅，厨房居中庭、窗户近，所以即使外墙一侧的窗户很小，也足够明亮

卧室通往起居室的过通桥，来自天窗的光照，经由过通桥的边侧，落在极易变阴暗的 1 层走廊

A 建造兼具挡土墙功能的地下室。

2层的阳台是自地下起的楼梯部分以及采光挑空屋檐

从餐厅一侧观看，正面是图书角，上面是阁楼

从阁楼俯视，近前为是图书角，2层起居室还可做音乐大厅

阁楼

起居室

食品储藏柜

阳台

门廊

日式房间

储藏室3

房基通风井

音乐室1（钢琴室）

6940

2630

此处的楼梯可通往子女家庭区域。道路一侧还有专用扶梯，供父母使用

比道路稍稍高一点的部分为晾晒区 采光挑空。地下的音乐室自此处采光

剖面图（1：100）

　　建筑用地比道路高约3m，远处的邻居家也高出约3m。没有确凿的证据可以证明已有的挡土墙已经过万全的检查，所以它的强度无法保证，然而又没有预算重建。

　　因此，建造了钢筋混凝土构造的地下空间，包括两辆车大小的车库、音乐室以及过道。支撑用地的挡土墙的职责，则交由车库、音乐室的墙壁，以及通往住宅的通道的墙壁来承担（平面图上的蓝色部分）。上方建木造住宅，无须再重建挡土墙。支撑庭园部分

的挡土墙（图中黄色部分）的职责，则交由另一面住宅的专用通道楼梯的墙壁来兼任。这部分住宅在建的时候考虑到将来可能会租赁出去。关于如何应对崖地条例，方法如下：住宅墙壁的必要部分改成钢筋混凝土结构（图中红色部分）。

　　地下空间容易阴暗，通往车库深处教室的道路前端，设置一个直到住宅玄关的中庭式外部楼梯，以保证有光照进入。要想使这个规划可行，前提是：设置在地下的车库、通道

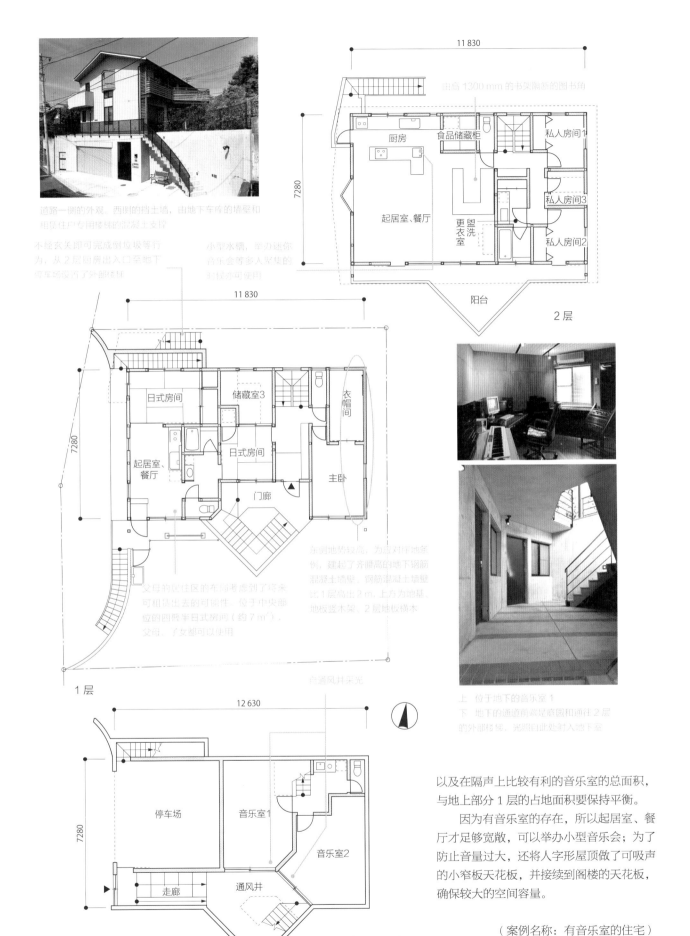

道路一侧的外观。西侧的挡土墙，由地下车房的墙壁和租赁住户专用楼梯的混凝土支撑

不经玄关即可完成咖啡坡等行为，从 2 层起房出入口至地下停车场设计了外部台阶

小型水槽，举办迷你音乐会等多人聚集的时候你可使用

11 830

7280

由高 1300 mm 的书架脑隔的图书角

厨房
食品储藏柜
私人房间1
起居室、餐厅
更衣室
照洗室
私人房间3
私人房间2

阳台

2 层

11 830

7280

日式房间
储藏室3
衣帽间
起居室、餐厅
日式房间
门廊
主卧

父母为足住区的在局考虑到了将来可相送出去的可能性。位于中央部位的四铺半日式房间（约 7 ㎡），父母、子女都可以使用

东侧地势较陡，为应对军地客情，建起了齐腰高的地下钢筋混凝土墙壁。钢筋混凝土墙壁比 1 层高出 2 m，上方为地基，地板竖木架、2 层地坂横木

设通风井采光

1 层

12 630

7280

停车场
音乐室1
音乐室2
走廊
通风井

地下 1 层

平面图（1：200）

上 位于地下的音乐室 1
下 地下的通道前端是庭园和通往 2 层的外部台阶，光照由此处射入地下室

以及在隔声上比较有利的音乐室的总面积，与地上部分 1 层的占地面积要保持平衡。

因为有音乐室的存在，所以起居室、餐厅才足够宽敞，可以举办小型音乐会；为了防止音量过大，还将人字形屋顶做了可吸声的小窄板天花板，并接续到阁楼的天花板，确保较大的空间容量。

（案例名称：有音乐室的住宅）

通过两层的玄关切断与挡土墙的构造边缘。

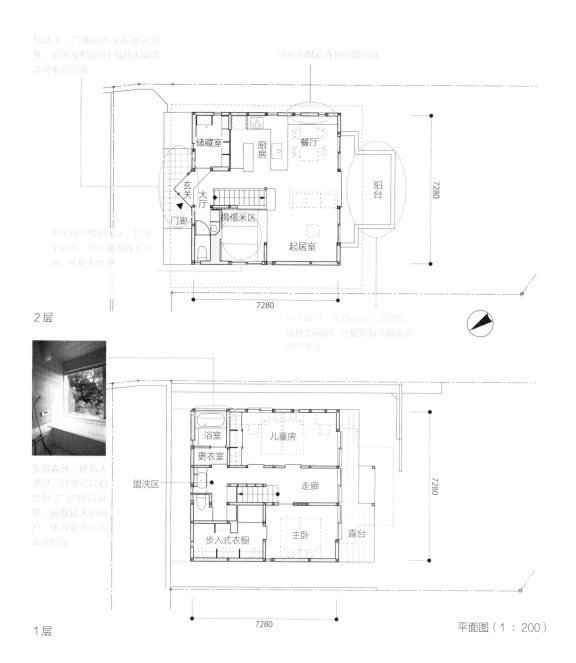

构造上，门廊和玄关在建筑物外，是因为考虑到不给挡土墙增添负重的问题

可看到附近森林的取景窗

2层

7280

7280

储藏室　厨房　餐厅

玄关　大厅　阳台

门廊　榻榻米区

起居室

卧房也有榻榻米区，日常生活中，可在晚课哄孩子入睡，或躺看往想

东侧森林，鲜有人通过，浴室可以借此处之景加以观赏，设置较大的窗户，使得盥洗室也非常明亮

扶手部分，东西为向上为望板，南侧为扁钢，可最大限度地欣赏享受

1层

浴室　儿童房

更衣室

盥洗区　走廊

步入式衣橱　主卧　露台

7280

7280

平面图（1：200）

小巷状用地上建2层住宅，小巷（道路）的挡土墙的安全无法保证，所以会将1层部分做成钢筋混凝土构造，但若用地已经经过了相关检查，就没有这个必要了。在比小巷低3m的用地上，离开挡土墙约1m远的距离，可建人字形屋顶的普通2层木造建筑。2层有起居室餐厅，外部设置露台，扶手墙采用扁钢，即可避免观景被遮挡的问题。建两层建筑一般多在崖地上，也多具备各种各样的特征，如可建开放浴室等。

建两层需要注意的地方是与挡土墙的连接问题。必须要在不给挡土墙增加负重的前提下划分伸缩缝，还要做相应的防水处理。图示案例中，使玄关土间[1]和连接部分在建筑物之外，关于接触部分，则在薄板上做了防水处理，在不给挡土墙添加负重的前提下盖在了上面。

（案例名称：圣迹樱之丘的住宅）

1 土间，素土地房间。——译者注

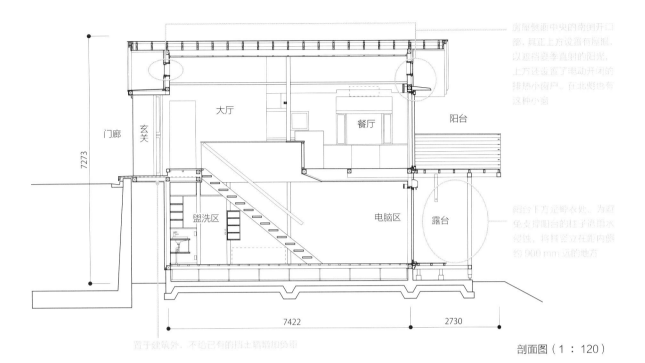

门廊　玄关　大厅　餐厅　阳台

7273

盥洗区　电脑区　露台

7422　2730

房屋侧面中央的南侧开口部，其正上方设置有屋檐，以遮挡夏季直射的阳光，上方还设置了电动开闭的排热小窗户。在北侧也有这种小窗

阳台下方是晾衣处，为避免支撑阳台的柱子遮挡水泥地砖，将其竖立在离内侧约900 mm远的地方

置于建筑外，不论已有的挡土墙墙根的石

剖面图（1：120）

进入玄关，视线通畅的露台和开阔的景致便映入眼帘。大玻璃拉门一撤掉，起居室和露台就连接在一起。为保证较好的观景体验，露台南侧的扶手采用扁钢。西侧为板壁，形成了一个规整的空间

从高处的邻居家看就像是一座平房

从露台看向起居室、餐厅、厨房、榻榻米区、玄关。十字形柱子和梁为日式房间拉门的上端横木，也是间接照明的安装处。设置在梁与梁之间的照明，照亮正下方和天花板

A 建钢筋混凝土结构的3层住宅，兼具挡土墙功能。

Q 如何在不稳定的挡土墙之下建住宅？

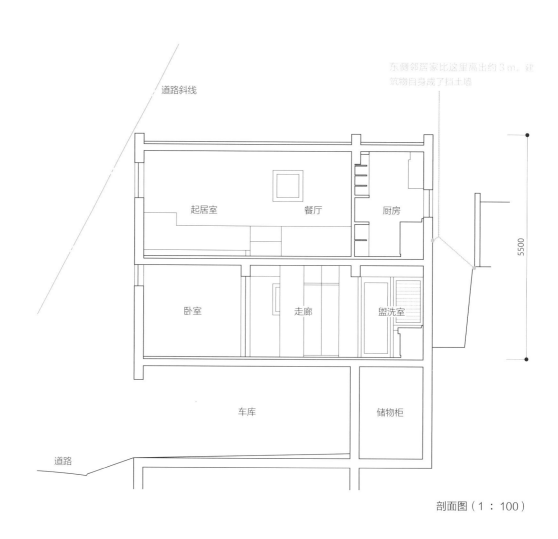

道路斜线

东侧邻居家比这里高出约3m，建筑物自身成了挡土墙

起居室　　　　餐厅　　　厨房

5500

卧室　　　　走廊　　　盥洗室

车库　　　　　　储物柜

道路

剖面图（1：100）

　　图示案例的住宅用地，位于一块阶梯状修整地面的最下段，每3m一个高度，斜向西侧，而且用地比道路高出约3m。已有的住宅为2层木造建筑，通过旁边的阶梯状道路可出入玄关。

　　上部的邻家也高出约3m，无法确认边界区域划分的挡土墙是否安全。即使将预算提高到木造建筑的水准，也难免它不会崩塌，所以将挡土墙也做成了钢筋混凝土结构。

　　为方便从道路直接出入，将1层做成地下，设置玄关和车库，2层设置卧室和用水区域，3层设置起居室、餐厅。考虑到木造建筑的预算问题，所以在规划上，内外都采用清水混凝土；开口部周围都使用木材，安装木造住宅专用外框；楼梯、隔断等内部也基本为木造。

　　（案例名称：八之崎的住宅）

西侧（道路一侧）墙面开口少，部分为纵向滑窗，其余为封闭窗

新月状的窗户为寝室的封闭窗

起居室、日式房间内部的西侧开口部窗框为木造住宅专用

从起居室看向日式房间，天花板和窗户的线条相连在一起，窗户下端的高度为餐桌高度，700 mm，将日式房间的榻榻米地板高度提高250 mm，则窗户下端的高度为450 mm，这样可保证人在日式房间坐卧时的和谐感

将日式房间的拉门关闭起来，也与天花板相连

装饰架做倒棱处理，缓和棚顶的感觉

房间的隔断用家具来充当，考虑到将来灵活使用的可能性

7280

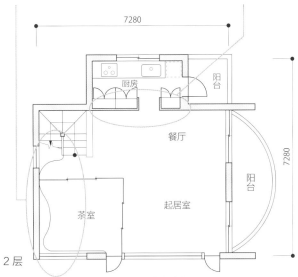

厨房

阳台

餐厅

7280

起居室

阳台

茶室

2层

这部分是地上层，所以做成可通至外部的出入口

7280

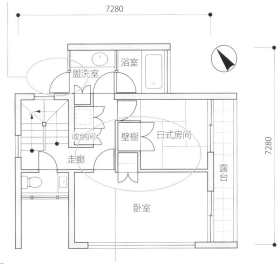

盥洗室

浴室

收纳间

壁橱

日式房间

走廊

7280

露台

卧室

1层

钢筋混凝土墙中，仅有单纯的木造隔断，结构简单

挖掘线基本设置在近前，以防止施工过程中出现埋墙，规划上，仅用水区域下部（置物部分）进行切挖

7280

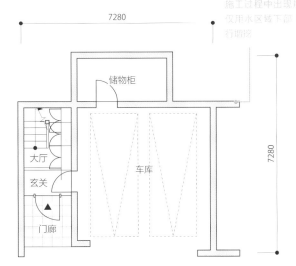

储物柜

7280

大厅

车库

玄关

门廊

地下1层

平面图（1：150）

跨过挡土墙进行规划。

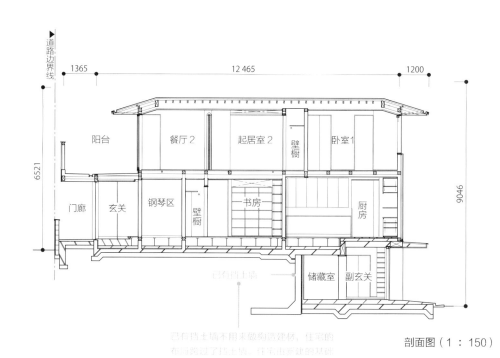

▶道路边界线

1365　12 465　1200

6521

阳台　餐厅2　起居室2　壁橱　卧室1

门廊　玄关　钢琴区　壁橱　书房　厨房

储藏室　副玄关

9046

已有挡土墙不用来做构筑建材，住宅的布局跨过了挡土墙，住宅由新建的坡地填埋用地上部分的地基支撑。

剖面图（1：150）

左 挡土墙上有可看到角窗的餐厅和地板板面，门廊的袖墙，以及兼住对面1层地基的地下室的墙壁为新建
上 建筑物地基和挡土墙在构造上是分离的，但看上去是一个整体

　　住宅规划时，一般都尽可能使各房间朝南，以确保充足的采光。图示案例中，原本用地位于比东侧道路高出约2 m的地方，停车场区域位于路边，在宽2.5 m，部分宽5 m的用地内。这部分高度差由挡土墙支撑。因此，自挡土墙至西侧道路的朝南用地，其宽度实际上窄了5 m。如果在挡土墙内宽度范围内建造建筑，那么就会成为南北纵深的住宅，由此一来，用地虽然宽广，但朝南的房间并不多。

　　因此忽略挡土墙，将用地宽度充分应用起来布局房间，最终，形成了仿佛建筑物跨过附设楼梯的挡土墙一般的形态。因为是两代人的住宅，所以东西两侧各设置了一个玄关，东侧的玄关在地下，爬上内部楼梯，可通至1层。地下的墙壁成为1层地板面的地基。

（案例名称：永山的住宅）

规划建造的时候，打算能让子女和父母一起
用餐。2 层子女家庭的空间，也做了随时可
设置厨房的规划

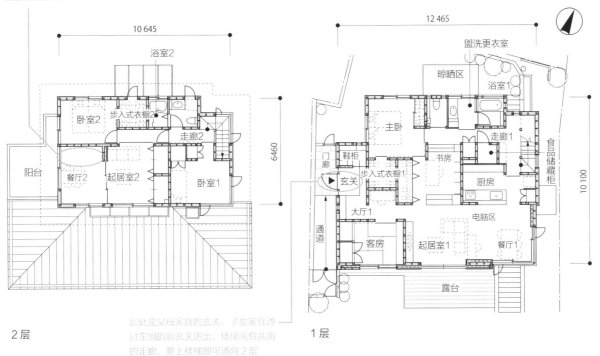

2 层

此处是父母家庭的玄关。子女家庭通
过东侧的副玄关进出，楼梯间有共用
的走廊，爬上楼梯即可通向 2 层

1 层

新建的住宅基础墙。这里是
地下，与地上部分的地基相
连接起建筑物

若避开已有挡土墙进行规划，那么建
筑物就只能规划在这个范围内，呈南
北狭长状，庭园也会狭窄

充分应用西侧空间，屋檐延伸到边界附近

最大限度将东西向的用地利用起来，跨过挡土墙，多设
置朝南的房间

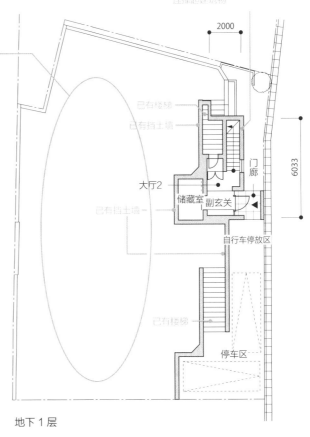

地下 1 层

平面图（1：250）

Q 有泛滥风险的河川附近如何规划？

上　南侧外观。1层除了是车库之外，还是置物区，设置机器的室外机的放置处，通过木格子门隐藏起来
左　玄关内部。正面是通往1层的楼梯，左边是起居室、餐厅，右侧为私人区域，屋顶有天窗
右上　从厨房看餐厅和起居室。右侧是日式房间，开放式起居室、餐厅、厨房与外部的露台相连
右下　道路一侧外观。建筑用地与道路的连接是倾斜的

　　建筑用地地势较低，有河川蔓延，1层地面可能存在漫水的风险。这种情况下，将1层做成钢筋混凝土结构的停车场和仓库，2层做成居住层，各房间东西向布局。
　　图示案例为横长状住宅，2层玄关自北侧下坡道路中部插入。单人房间、卧室等私密空间和起居室、餐厅，通过玻璃屋顶的楼梯玄关空间来隔断划分。

（案例名称：吉井町的住宅）

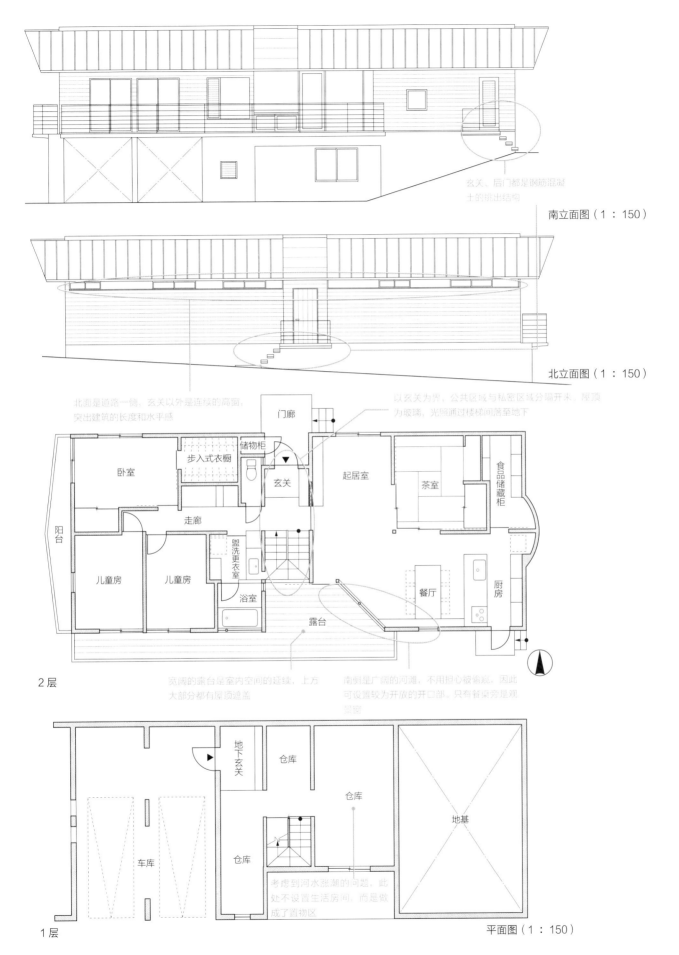

南立面图（1∶150）

北立面图（1∶150）

北面是道路一侧，玄关以外是连续的高窗，突出建筑的长度和水平感

以玄关为界，公共区域与私密区域分隔开来。屋顶为玻璃，光照通过楼梯间落至地下

门廊

储物柜

步入式衣橱

卧室

玄关

起居室

食品储藏柜

茶室

走廊

阳台

盥洗更衣室

儿童房

儿童房

浴室

露台

餐厅

厨房

2层

宽阔的露台是室内空间的延续，上方大部分都有屋顶遮盖

南侧是广阔的河滩，不用担心被偷窥，因此可设置较为开放的开口部，只有餐桌常是观景窗

地下玄关

仓库

仓库

车库

仓库

地基

1层

考虑到河水涨潮的问题，此处不设置生活房间，而是做成了置物区

平面图（1∶150）

A 防止浸水，将地板垫高一层。

Q 有雨水通道的用地住宅怎样建？

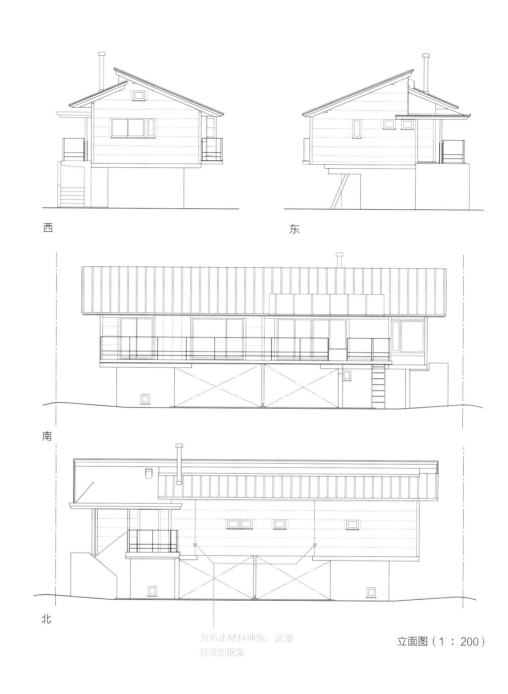

西   东

南

北

为防止材料伸缩，这部分添加钢架

立面图（1：200）

建筑用地在斜面中部，集中出现暴雨时，雨水很容易灌进来，这样的别墅，一般都没有人在，任由雨水侵入地板面，几个月没有人处理。

因此，用钢筋混凝土将地板面垫高一层，做成桩柱式建筑，同时也具备防盗能力。桩柱空间可以灵活运用，可做车棚、劈柴的场所等。上方将截面为120 mm×450 mm 的层积材横向堆积成圆木屋也无妨。

但是层积材也会顺着纤维的方向伸缩。因此，木材堆

积时，因为伸缩容易产生缝隙，多段叠加之后，很难再维持平均的内侧尺寸了。因此，小木屋基本上建成 1 层，2 层的墙壁不再横向堆积，只能按照阁楼的规格样态来做。为应对木材伸缩，必须要让木材的接口纵向分布，然后再嵌入角状的钢筋骨架，通过栓子固定，以承担垂直负重，控制因木材伸缩而产生的上下移动。

（案例名称：轻井泽的住宅）

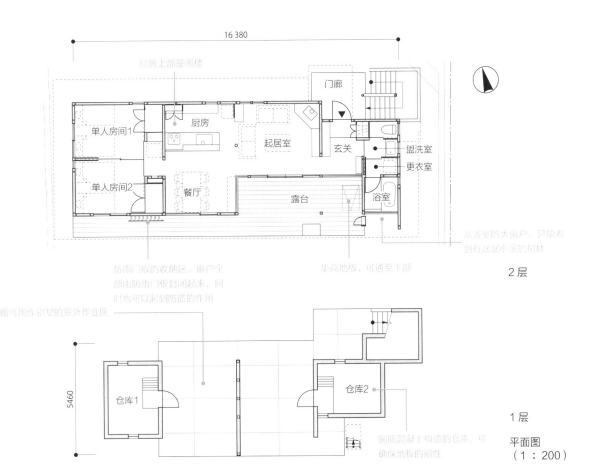

16 380

厨房上部是阁楼

门廊

厨房

单人房间1

起居室

玄关

盥洗室

更衣室

餐厅

单人房间2

露台

浴室

从浴室的大窗户,只能看到有效范围小屋的树林

2层

防雨门板的收纳区。窗户全部由防雨门板封闭起来,同时也可以起到防盗的作用

架高地板,可通至下部

车棚可用作别墅的室外作业区

5460

仓库1

仓库2

1层

平面图
（1：200）

钢筋混凝土构造的仓库,可确保地板的刚性

上　从南侧庭园看,内部空间悬空,周围绿色环绕
左下　即使集中出现暴雨,来自北侧的雨水,也只会流经柱子下端,不会危害到住宅。轻井泽地区潮气重,住宅部分的地板位于2层
右下　2层屋外的露台,被有收炉的起居室、餐厅、厨房包围。屋顶为玻璃

第2章

让人感到舒适
的布局

房间之间的关系需要去整理，房间与庭园的关系，房间与邻家、道路的关系，同样也要好好规整。这样就能使生活动线畅通，打造出一个采光通风良好、居住舒适的住宅。

A 深入了解建筑委托人，寻找最准确的答案。

Q 人为什么要建住宅？

两三年前，委托人遭遇了一场泥石流灾害，失去了父母失去了家，随后孤身一人在大海上漂泊，成为了一名船员，一年中有两百多天都在海上生活，这间住宅，就是为他设计的。

一般想建住宅，多出于家庭中与他人关系的动机，比如来自家庭、育儿或者两代人的问题等，并非个人欲求。而这位委托人，并不符合这个论断。他想建一座钢筋混凝土结构的具有独创性的住宅；想要带投影装置的视听室，以及舒适的浴室；想装太阳能电池板。条件就这些。我就是在这个时候，才产生了这个疑问——人为什么要建住宅？

我也想过，既然你一年中有一半多的时间都不住，那做成租赁住宅岂不是更好？但是仔细想了想，我对他的要求有了更深切的理解。他常年乘船在各地辗转，无所依靠，那必然需要一个归宿。什么叫归宿，一个等你的存在，比如有父母在的地方，比如家庭。但是他已经失去了父母也失去了家，所以他只能将这种回归的情思寄托于住宅，这份心情，我是可以理解的。所以，住宅不能经常变动，它必须要是

坚固的钢筋混凝土构造，必须要永远存在于那里，它必须要有一种形态，让我们一眼就能看出，它是自己的家。一般来讲，住宅里有什么要根据家庭的情况，但是对于一个目前单身，另一半尚未有定论的人，家庭是不存在的，设计也无从着手。这个住宅，我把它看作是委托人用来度过自己的愉悦时光的地方，这样设计起来也比较有明确的思路。他希望在这所住宅中，视听室、投影装置或者说壁挂电视等这些兴趣能给他带来充足的快乐，浴室能使他舒爽。这些，就成了他建住宅的根据。对了，还有一样东西也是必需的——太阳能电池板，因为它可以在主人不在的时候，为主人储存充足的能量。

我尝试去满足他这种心情，为他设计了住宅。这所住宅是有曲面墙壁的混凝土住宅，有可控制光照强度的天窗的视听室，有杰克森的浴缸，有悬在玻璃窗上的壁挂电视，有弯曲的小窄板吸声天花板的起居室餐厅。

（案例名称：吴家住宅）

左 视听室的屏幕和沙发。天花板上的圆是天窗，投影的时候可以关起来遮光，专心观影，结束之后打开即可采光，回到现实
中 视听室带小厨房。地板比 1 层其他地方低约 400 mm，充分确保了天花板高度
右 杰克森的大浴缸

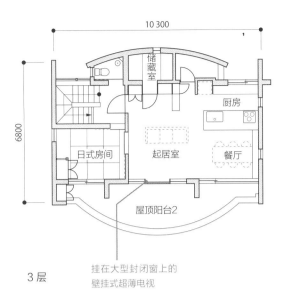

储藏室
厨房
起居室
餐厅
日式房间
屋顶阳台2

10 300
6800

3层

挂在大型封闭窗上的
壁挂式超薄电视

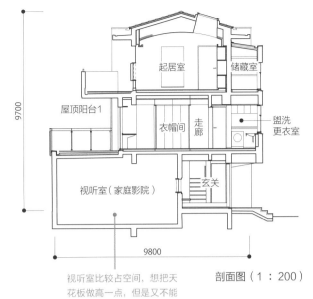

起居室
储藏室
屋顶阳台1
衣帽间
走廊
盥洗更衣室
视听室（家庭影院）
玄关

9700
9800

剖面图（1：200）

视听室比较占空间，想把天
花板做高一点，但是又不能
仅把2层这部分调高，所以
只能把地板高度下调

钢筋混凝土的曲面墙打造
出独特的建筑立面

大型浴缸使家中的舒适放
松感

10 300
6800

盥洗更衣室
浴室
单人房间
衣帽间
主卧
书房
阳台2
阳台1
屋顶阳台1

2层

起居室、餐厅空间很有特色

10 300
9800

通道
大厅
玄关
客房
车库
外廊
视听室（家庭影院）
天窗

1层

平面图（1：200）

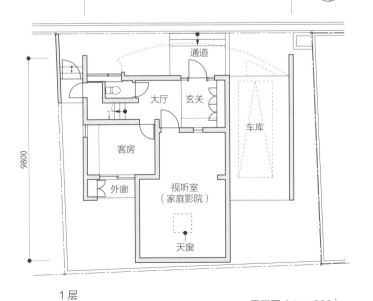

从附近的高台观看，也可发现住宅的造型极具特色

A 根据情况巧用小装置。

Q 如何让住宅更清爽、轻快又美丽？

双面的隔扇
翻转隔扇，图案发生改变

通道顶盖
围墙下部的后院通风格子门树立起纯不锈钢板。顶盖、围墙横木、格子门突出水平线，提高了导入效果和清爽的感觉。打开照明灯效果更佳

通过小装置充分利用空间。

①通道顶盖

给玄关通道架起细长的顶盖，可起到引导的作用，屋檐内侧安装照明，以不锈钢材料装饰。这种方法的实现得益于建筑委托人经营着一家不锈钢加工工厂。

②双面隔扇

隔扇纸的正面的图案稍作改变，拉到内收式拉门里面，可根据时间、地点、场合翻转隔扇，变换图案。

③可上下移动的电视柜

露台与餐桌同高，不想让电视超出露台外，因此，将电视柜设置于露台之下，想看的时候，可通过升降机使之上下移动。

④彩绘玻璃

当委托人提出想装彩绘玻璃时，不妨安装在不太显眼的地方，仰望时可以看到，夕阳可透过。

⑤可收纳洗衣机的浴柜

盥洗更衣室必须要放洗衣机，但是又不想让它露在外面，所以将地板分割出一块足够放洗衣机的空间，便于将

可上下移动的电视柜
与餐桌高度相比吧台太低，所以安装一个想看电视时可使电视升起来的装置

可收纳洗衣机的浴柜
平常看上去是一个较为宽大的浴柜，要洗衣服的时候，台子的一部分可以弹起来

彩绘玻璃
夕阳照射时，房间的色调会发生变化。彩绘玻璃的位置，平常人们不会注意到，当房间的状况发生改变时才会发现

雨水管
屋檐的雨水管并不怎么突出，但是自此处起，至墙边的纵向导水管的斜向引流管却比较碍眼。所以让导雨水管自屋顶挑出，让雨水借势落下

它收纳在浴柜里，下调至与钢筋混凝土层相同的高度，宽度与洗衣机保持一致，由此一来，想用的时候，提上来即可。

⑥围墙的横木

在不锈钢厚板的围墙顶部，将不锈钢管的半圆当横木盖起，用现代素材，做出一种传统式的样态。

⑦飞出式导雨水管

因无法设置纵向的雨水管，所以只能让带有斜度的雨水管飞出约90 cm，使雨水顺着流动的势头，落在前方约2 m的雨水井中。

（案例名称：寄居的住宅）

A 设置在中央，使之成为边界。

Q 大空间什么地方安装楼梯？

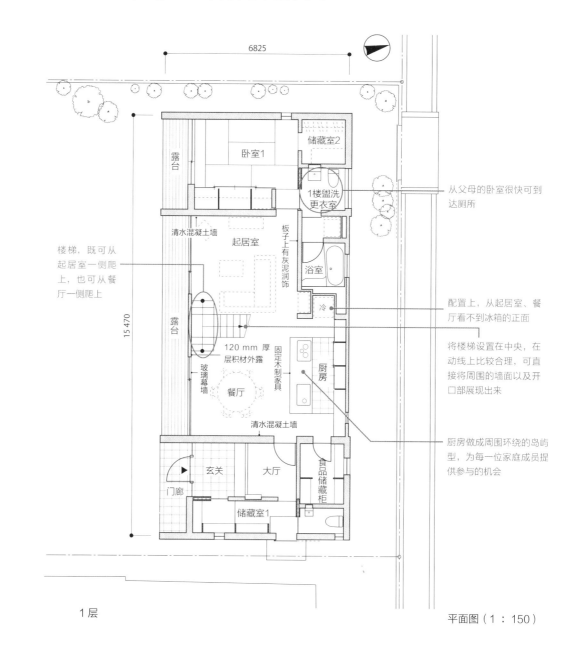

6825

露台

卧室1

储藏室2

1楼盥洗更衣室

从父母的卧室很快可到达厕所

清水混凝土墙

起居室

板子上有灰泥润饰

浴室

楼梯，既可从起居室一侧爬上，也可从餐厅一侧爬上

露台

15 470

配置上，从起居室、餐厅看不到冰箱的正面

冷

将楼梯设置在中央，在动线上比较合理，可直接将周围的墙面以及开口部展现出来

120 mm 厚层积材外露

固定木制家具

厨房

玻璃幕墙

餐厅

厨房做成周围环绕的岛屿型，为每一位家庭成员提供参与的机会

清水混凝土墙

玄关

大厅

食品储藏柜

门廊

储藏室1

1 层

平面图（1：150）

设计住宅布局，思索空间设置，"让人看不出其中'略施小计'的痕迹才算成功"，"开阔、通畅才算优秀"。美丽空间是建立在此基础上的。

楼梯位置的确定就颇为让人头疼。从动线上来看，设置在正中央比较好。但是，设置在挑空中央的时候，楼梯会很容易将挑空的动态感破坏掉，因此会让人想设置在墙边。

解决这个矛盾的方法：尽量使楼梯透视化。这样的话，它就可以设置在住宅中央，动线上也比较合理，并成为起居室和餐厅之间的一个适度的分隔，且让挑空更丰富。

另外，还可以将包围挑空的三面墙，作为1层地板至2层天花板之间的墙壁，凸显动态感，也可以使构成空间的墙壁素材之间的对比一目了然。

（案例名称：馆林的住宅）

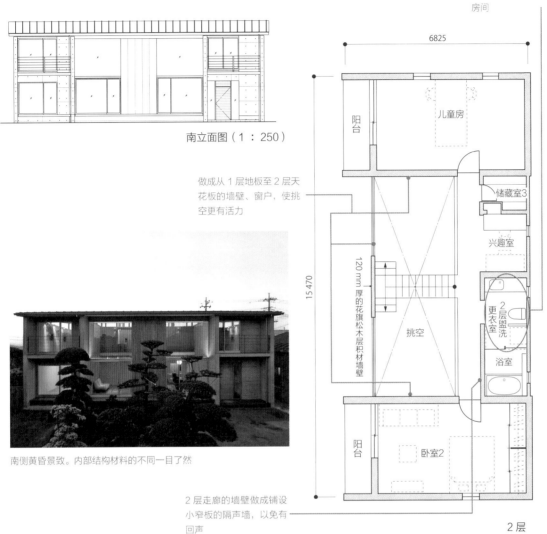

南立面图（1：250）

做成从1层地板至2层天花板的墙壁、窗户，使挑空更有活力

南侧黄昏景致。内部结构材料的不同一目了然

2层走廊的墙壁做成铺设小窄板的隔声墙，以免有回声

1层也有厕所，2层的厕所与盥洗更衣室连成一个房间

6825

儿童房

阳台

储藏室3

兴趣室

15470

120mm厚的花旗松木层积材墙壁

挑空

2层盥洗更衣室

浴室

阳台

卧室2

2层

镂空楼梯，减轻楼梯这个隔断的存在感

2层北侧墙壁做成小窄板的隔声墙，以吸收回声

清水混凝土、灰泥、涂饰、层积材、小窄板等构成空间的素材的对比一目了然

A 在2层建一个条形木地板的中庭。

Q 如何使车库深处的玄关通道更加明亮？

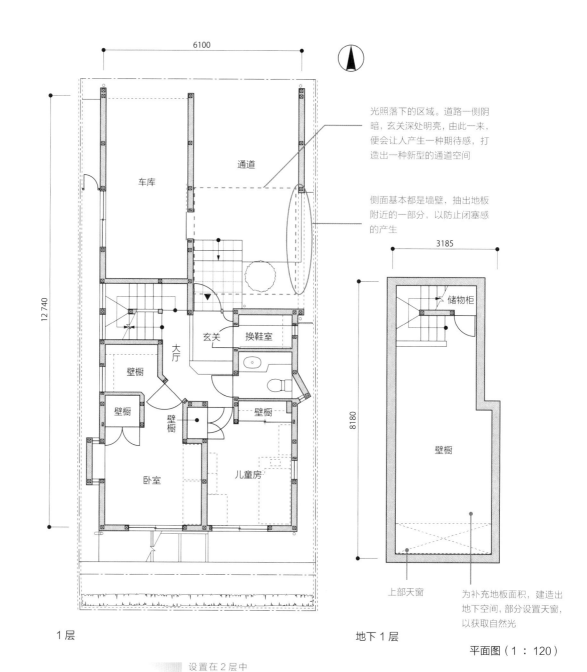

光照落下的区域。道路一侧阴暗，玄关深处明亮，由此一来，便会让人产生一种期待感，打造出一种新型的通道空间

侧面基本都是墙壁，抽出地板附近的一部分，以防止闭塞感的产生

6100

12740

3185

8180

储物柜

壁橱

上部天窗

为补充地板面积，建造出地下空间，部分设置天窗，以获取自然光

通道

车库

玄关

换鞋室

大厅

壁橱

壁橱

壁橱

壁橱

卧室

儿童房

1层

地下1层

平面图（1：120）

设置在2层中庭南侧的用水区域。因为楼层高度做了限制，所以中庭北侧的日式房间也能充分享受到阳光的沐浴。用水区域上方的天台用来做高尔夫挥杆练习场

　　建筑用地不够宽敞，还设置了两辆车大小的车库，过道就只能布局在车旁边了。玄关在过道前方，一旦邻居家建起来，阳光就照不进来，通道将变得非常黑暗。

　　在建筑如此拥挤的状况下，要想确保采光，2层也只能设置中庭，并通过中庭使各房间能够有光照。

　　2层中庭的地板采用钢格板，当阳光照在通道上时，有天窗的效果，打造出一个使居住者充满期待和新鲜感的空间。

（案例名称：碑文谷的住宅）

车库深处的玄关部分。部分是地下室，所以 1 层地板高度为 900 mm，光通过上层地板面的钢格板照射进来

2 层中庭的地板为钢格板。起居室、餐厅通过跃层相连。正面可见的高窗为餐厅上方的电动开闭窗，夏季可排出热气

玄关的夜景。夜晚，2 层起居室的光通过钢格板洒下，玄关前方仿佛点灯了一样

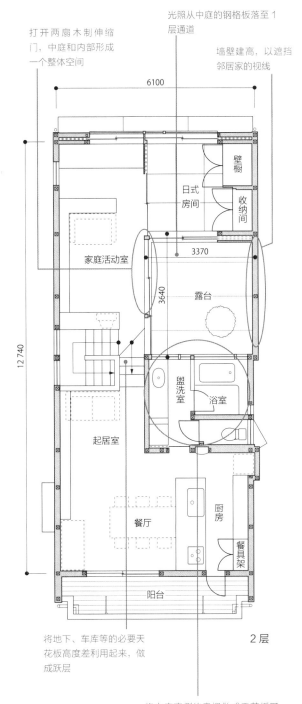

打开两扇木制伸缩门，中庭和内部形成一个整体空间

光照从中庭的钢格板落至 1 层通道

墙壁建高，以遮挡邻居家的视线

6100

壁橱

日式房间

收纳间

3370

家庭活动室

露台

3640

盥洗室

浴室

起居室

12 740

餐厅

厨房

餐具架

阳台

2 层

将地下、车库等的必要天花板高度差利用起来，做成跃层

将中庭南侧的房间做成天花板可调低的用水区域，以降低屋顶高度，使阳光能充分射进来。做成平屋顶，可用来练习高尔夫挥杆。浴室外设置一个可到达练习场的钢制梯子

A 破除障碍，将工作区和生活区分开。

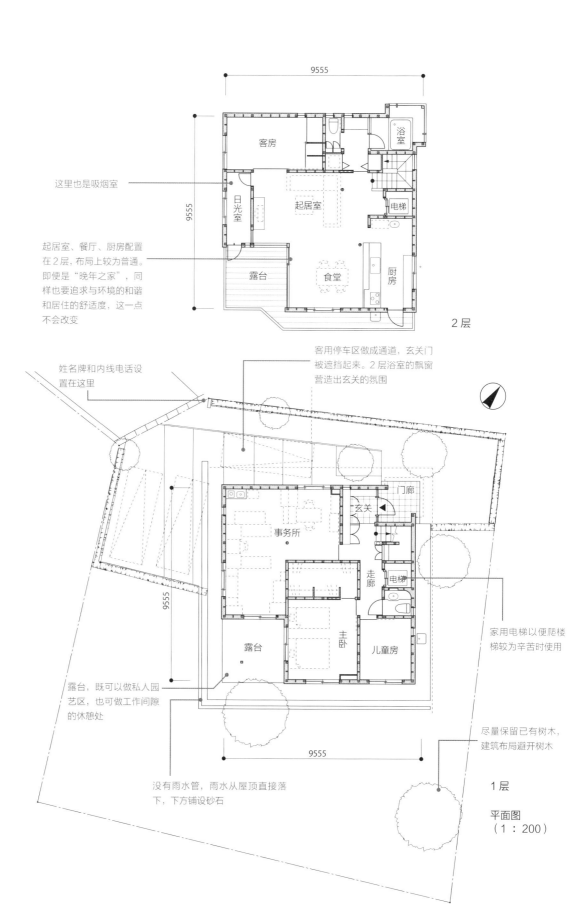

这里也是吸烟室

起居室、餐厅、厨房配置在2层，布局上较为普通。即便是"晚年之家"，同样也要追求与环境的和谐和居住的舒适度，这一点不会改变

9555

客房

浴室

日光室

起居室

电梯

露台

食堂

厨房

2层

客用停车区做成通道，玄关门被遮挡起来。2层浴室的飘窗营造出玄关的氛围

姓名牌和内线电话设置在这里

9555

门廊

玄关

事务所

走廊

电梯

露台

主卧

儿童房

家用电梯以便爬楼梯较为辛苦时使用

露台，既可以做私人园艺区，也可做工作间隙的休憩处

9555

没有雨水管，雨水从屋顶直接落下，下方铺设砂石

尽量保留已有树木，建筑布局避开树木

1层

平面图
（1：200）

建筑物中央容易阴暗，因此在此处设置天窗。来自天窗的光经墙壁反射，将室内照亮

阁楼是为客人多的时候准备的。可以睡4个人左右。窗户大，是一块比较舒适的区域。此处还可看到大室山

9555

9555

阁楼

天窗

阁楼层

温泉水大浴缸，透过大封闭窗可以看到大室山

落叶较多，所以没有设置导水管

将边缘的金属板稍微竖起，把雨水引向两侧

2层露台被餐厅和起居室包围，形成L形。室内天花板延长至露台顶，形成一体空间。为使开口部较为清晰地展现，分别设置固定的大型拉门和专供出入用的小拉门

建筑用地在路的尽头，感觉道路像是住宅内的通道

作为安度晚年的住宅需要具备一些要素，如：选择一个自然条件良好的居住地（伊豆高原），建筑用地可建一个容纳三辆车的车棚和一个庭园；1层设置玄关、工作场所以及卧室；2层设置起居室、餐厅、厨房、客房、阁楼、温泉水浴室、盥洗更衣室、让人不想离开的吸烟室、约7.2 ㎡大的可用餐的露台；厕所1层2层都有，地板下部暖风机可使整栋住宅都温暖起来；

屋顶容易集聚雨雪，要45°倾斜垂直相交。家庭电梯是该案例的特色，其他都是住宅建造必需的一般要素。

图示住宅的主人已搬来10年，居住上没有出现过什么问题，可以说正快乐地享受着后半生。

（案例名称：伊豆的住宅）

A 起居室、餐厅、厨房之上不设2层，通过斜面天花板带来变化。

Q 一层起居室、餐厅、厨房极易变得单调，如何使它们更加丰富多彩？

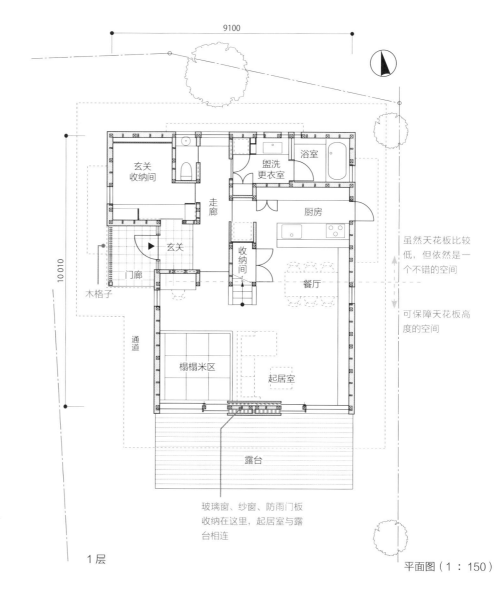

9100

10010

玄关收纳间

盥洗更衣室

浴室

走廊

厨房

玄关

收纳间

餐厅

门廊

木格子

通道

榻榻米区

起居室

露台

虽然天花板比较低，但依然是一个不错的空间

可保障天花板高度的空间

玻璃窗、纱窗、防雨门板收纳在这里，起居室与露台相连

1层

平面图（1：150）

在两层的住宅里，若1层的起居室、餐厅设置在2层部分的下部，天花板会变得平整，如果不设置挑空，空间会显得很单调。

如这所住宅，用地上还有富余，1层起居室、餐厅上方就不盖2层，做成斜面天花板，斜度大的部分直到2层腰窗，形成比一般尺寸高约1m的天花板，使空间富于变化。

（案例名称：取手市的住宅）

通道和玄关门廊一侧的外观

南侧外观

餐厅和起居室。在餐厅中央部位，天花板高度有所变化。位于图片近前方位的厨房和餐厅的天花板高度为 2200 mm

右边为餐厅，左边为起居室和榻榻米区。在自南侧窗户开始上升的斜面天花板的作用下，空间产生变化

从楼梯上部看向起居室和榻榻米区，榻榻米区可移动

2 层起居室的南侧窗户在斜面屋顶的衬托下成为高窗

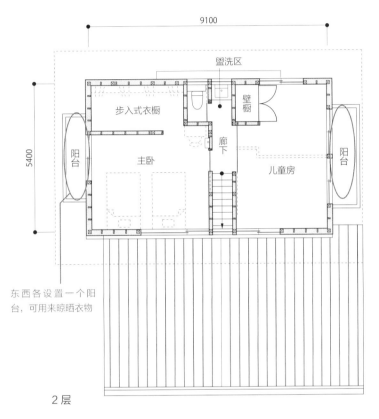

东西各设置一个阳台，可用来晾晒衣物

2 层

坡屋上部是窗户，下部为观望起居室的开口。但是在屋顶斜度的作用下，2 层的外部开口有时无法得到充分保障，需要注意

屋檐下隐藏的雨水管，从外面也可以清晰地看到

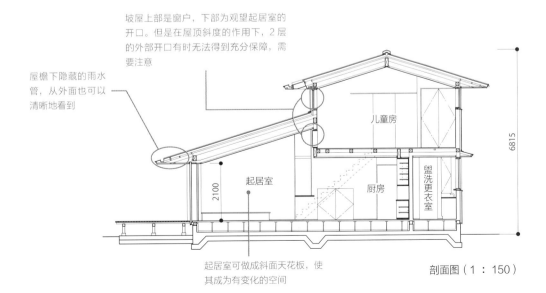

起居室可做成斜面天花板，使其成为有变化的空间

剖面图（1∶150）

22

A 经曲面玄关的小空间进入屋内。

Q 什么样的布局才能让大空间更具特色？

起居室可做成斜面天花板，使其成为有变化的空间

学习室

盥洗更衣室2

起居室

日式房间

盥洗更衣室1

食品储藏柜

6700

13 650

剖面图（1 ：150）

左 进入玄关，可见中庭
右 自道路看玄关部分

如果要将大屋顶下部直接设置成起居室，那玄关就只能设置在起居室外部。不同样式的玄关使住宅的整体造型不同。

图示案例中，玄关置于大屋顶下，墙面做成柔和的曲面，使道路一侧的景观更加别致。玄关前方的空间，是客人的停车区以及通道，里面是玄关空地，从盥洗室也可以看到。

曲面墙壁将空地也包围起来，形成一个小而私密的空间，居住者从这里进入起居室后，会觉得豁然开朗，形成感觉上的对比。

适当控制餐厅天花板高度，与大屋顶的大空间形成对比

（案例名称：鹄沼海岸的住宅）

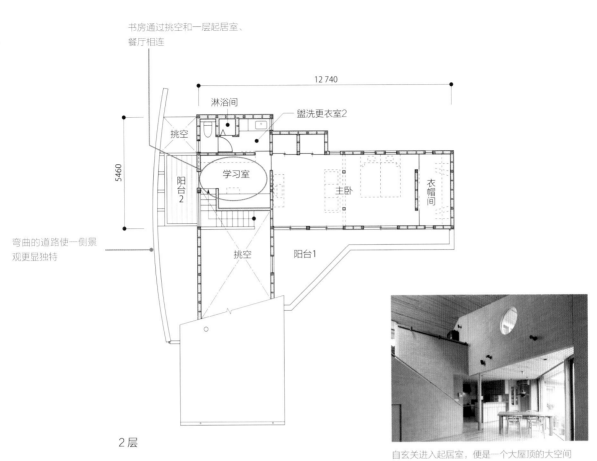

书房通过挑空和一层起居室、餐厅相连

12 740

淋浴间

盥洗更衣室2

挑空

阳台2

学习室

主卧

衣帽间

5460

挑空

阳台1

弯曲的道路使一侧景观更显独特

2层

自玄关进入起居室，便是一个大屋顶的大空间

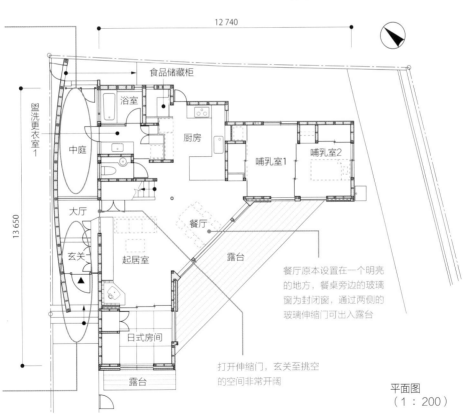

浴室、更衣室的窗户自由开放，墙壁内侧的中庭，即成为一个自由使用的空间

12 740

食品储藏柜

浴室

盥洗更衣室1

中庭

厨房

哺乳室1

哺乳室2

13 650

大厅

玄关

起居室

餐厅

露台

餐厅原本设置在一个明亮的地方，餐桌旁边的玻璃窗为封闭窗，通过两侧的玻璃伸缩门可出入露台

日式房间

自停车处上三级台阶，便进入一个较为狭窄的门廊，打开门，便是因曲面墙壁而放大的玄关大厅，以及对面的中庭

露台

打开伸缩门，玄关至挑空的空间非常开阔

平面图
（1：200）

1层

23

A 因为不仅可以享受火光乐趣，还可将它用作蓄热取暖设备。

Q

为什么不选壁炉而选柴火炉？

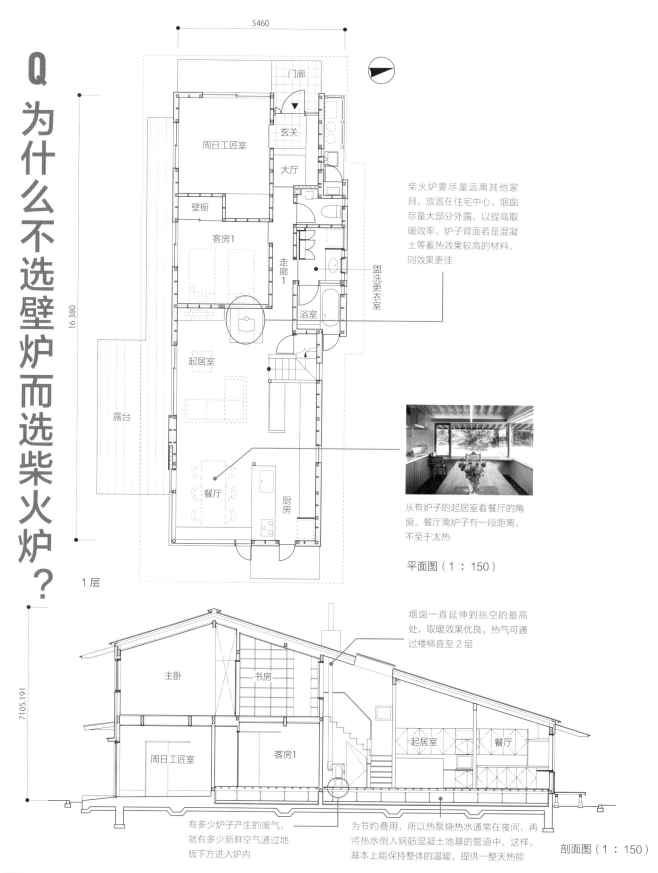

5460

16 380

门廊

玄关

周日工匠室

大厅

壁橱

客房1

走廊1

盥洗更衣室

浴室

起居室

露台

餐厅

厨房

1层

柴火炉要尽量远离其他家具，放置在住宅中心。烟囱尽量大部分外露，以提高取暖效率。炉子背面若是混凝土等蓄热效果较高的材料，则效果更佳

从有炉子的起居室看餐厅的角窗。餐厅离炉子有一段距离，不至于太热

平面图（1：150）

烟囱一直延伸到挑空的最高处，取暖效果优良。热气可通过楼梯直至2层

7105.191

主卧

书房

周日工匠室

客房1

起居室

餐厅

有多少炉子产生的废气，就有多少新鲜空气通过地板下方进入炉内

为节约费用，所以热泵烧热水通常在夜间，再将热水倒入钢筋混凝土地基的管道中，这样，基本上能保持整体的温暖，提供一整天热能

剖面图（1：150）

炉子背面是蓄热墙。将炉子安放在挑空部分，有效地将烟囱利用起来

5460

打开伸缩门，热气
直接进入房间

客房2

阳台

主卧

走廊2

书房

步入式衣橱

壁橱

挑空

2层

壁炉有炉口，当燃烧不完全的时候，烟雾就会充满室内，非常危险，需要有人看守火。但要想充分燃烧，又需要将烟雾吸上去的又粗又高的烟囱。但是，通过烟囱排出多少烟雾，就会有相同量的外部冷空气流入室内，使室温降低，所以壁炉只能享受火花乐趣，不能指望用它来长期取暖。

柴火炉炉口是封闭的，再做成新鲜空气可直接从外部吸入炉内的构造，室内的温度就不会下降。最近的炉子燃烧性能都很好，扔进几个大块柴火，即可长时间持续燃烧，不用人照看火，火上还可以熬汤。

图式案例是别墅，等人到达再点火，暖和起来需要时间。因此取暖设备基本上是采取深夜电力的热泵蓄热中央取暖。与此同时，暖炉背面的墙壁里填充的是混凝土块，铺设有石头。由此一来，即便火灭了，已经被温热的墙壁也会发热，使房间继续保持长时间的温暖，还可以为取暖设备实现节能。

（案例名称：茅野市的住宅）

施工中的样子。炉子放置处的背面墙壁中，填充有蓄热性能良好的混凝土块

24

A 做成一间方形屋顶的屋子。

Q 如何使2层起居室、餐厅、厨房做得更舒适?

在 2 层可以俯视全景。日式房间可用拉窗隔断隐藏。起居室和玄关挑空可通过大封闭窗与外部相连,做出空间上的延展。吊灯与天花板的小窄板使用了相同材料——美洲松木

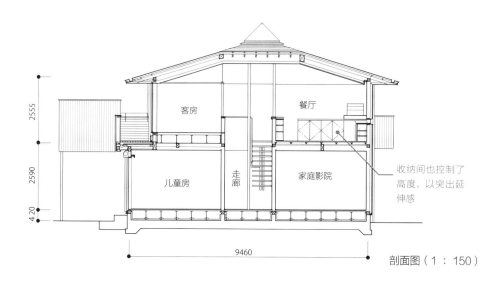

剖面图(1：150)

客房　餐厅
儿童房　走廊　家庭影院
收纳间也控制了高度,以突出延伸感

2555　2590　4.20

9460

　　若建筑用地位于停车场的一角,则布局只能采用逆向思维——起居室、餐厅设置在2层。如果2层约8㎡大,那么可以做成一个大房间,会显得更宽敞。

　　日式房间用拉门隔断,打开格窗,就是一个大房间。设置挑空,与1层联通,挑空与楼梯相连,使2层看上去更加宽广。屋顶的中央部分有4根细钢管做支撑,架起方形的斜面屋顶,突出空间的整体感。房间大,房顶中央的部分容易昏暗,所以设置了天窗以保持明亮。

　　在南侧的起居室外设置了一个大的露台,面对它设置开口部,使视线延展,空间不再闭塞。

　　(案例名称:新小岩的住宅)

厨房吧台的照明与餐厅的照明相同（参见左页照片）。深处的门，是小阳台的出入口

进入停车场的道路也是住宅的通道，装有地灯

玄关和走廊上方是挑空，餐厅可以感受到1层的气息

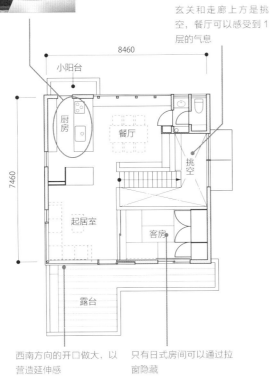

8460

小阳台

厨房

餐厅

挑空

7460

起居室

客房

露台

从餐厅一侧看向起居室。一个有斜面天花板的房间使西南方向的空间增大，营造出开放感

西南方向的开口做大，以营造延伸感

只有日式房间可以通过拉窗隐藏

2层

宽敞的步入式衣橱中，收纳着全家人的衣物

离家较近的两个车位为自家用，另外6个车位租赁出去

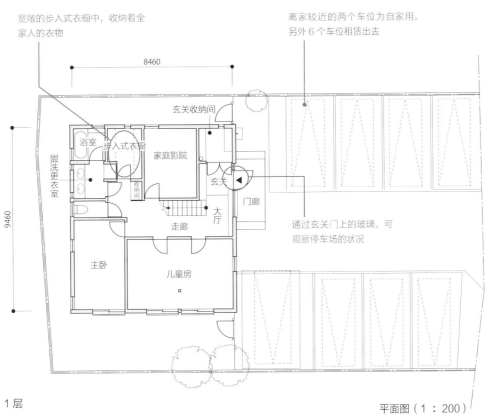

8460

玄关收纳间

浴室 步入式衣橱 家庭影院

盥洗更衣室 收纳间 玄关 门廊

9460 走廊 大厅

主卧 儿童房

通过玄关门上的玻璃，可观察停车场的状况

1层

平面图（1：200）

25

A 找一个最舒心的地方，起居室设置在它附近。

屋顶、墙壁均为外部保温＋填充保温，具有充分的保温性能

建这座住宅的时候，委托人有一个要求，那就是想要一个可远望的地方。房间名称就叫作晾晒区。委托人精神上的需求隐藏着设计一种可能性，它可以让住宅活起来，设计住宅的时候必须要重视

6370

可观望起居室的室内小窗

阁楼

晾衣区

8332

盥洗区

阳台

楼梯室

大厅

玄关

门廊

剖面图（1：200）

扁钢可兼做扶手和条形壁板

钢筋混凝土地基结构：保温材料之上，铺设有蓄热器热水管道。可为1层提供防寒保护

左 从南侧道路看
右 从开放式厨房看向餐桌、起居室，角窗使视野更开阔

　　如果阳光无法照进1层起居室，那只能在2层设置起居室。确保1层有阳光射入让人很费脑筋。要与近邻住宅和谐，土地比道路高1m左右，所以1层起居室也不错。这种情况下，南侧车库就显得有些碍事了。剩下的庭园空间也被南向的通道取代，并不会太宽敞，所以要确保庭园的隐私，也需要一定的布局策略。

　　决定性因素是2层的开放性和斜面天花板，可使空间更多变。南侧道路高度下调约1m，南侧邻居家的2层屋顶也比较低，因此，站在这里的2层看天空，视野会比较开阔。可以在阁楼的展望室眺望远方，悠然地深思。在这里设置一个小窗户，可与起居室连通。此外，儿童房间也想设置在2层，父母能看得见，并且还要有舒适的中央取暖设备。

　　开放性强，相对应的，风也会比较大。冬天，远州滩（地名，太平洋海域名称）的风会吹走住宅大量的热气。屋顶上有50mm厚的板状外保温层，此外，椽子之间还填充

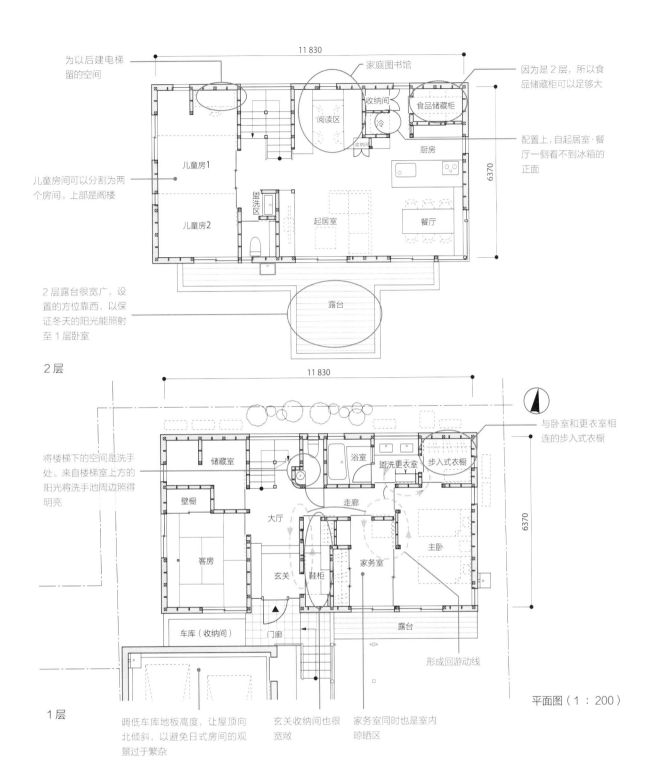

为以后建电梯留的空间

家庭图书馆

因为是 2 层，所以食品储藏柜可以足够大

儿童房间可以分割为两个房间。上部是阁楼

配置上，自起居室·餐厅一侧看不到冰箱的正面

2 层露台很宽广，设置的方位靠西，以保证冬天的阳光能照射至 1 层卧室

11 830

收纳间

食品储藏柜

阅读区

收纳间

冷

厨房

儿童房1

盥洗区

儿童房2

起居室

餐厅

6370

露台

2 层

11 830

将楼梯下的空间是洗手处。来自楼梯室上方的阳光将洗手池周边得照得明亮

储藏室

浴室

盥洗更衣室

步入式衣橱

与卧室和更衣室相连的步入式衣橱

壁橱

大厅

走廊

主卧

6370

客房

玄关

鞋柜

家务室

车库（收纳间）

门廊

露台

形成回游动线

1 层

平面图（1：200）

调低车库地板高度，让屋顶向北倾斜，以避免日式房间的观景过于繁杂

玄关收纳间也很宽敞

家务室同时也是室内晾晒区

有 100 mm 厚的发泡性保温材料。墙壁保温也是同样的设置。地基下铺设有 50 mm 厚的板状保温材料（聚氨酯）。窗框为室内树脂框，玻璃是双层的保温低辐射玻璃。在此基础上，还有深夜作业的热泵基础蓄热取暖设备。从配置上来讲，保温措施堪称完美。

（案例名称：丰川市的住宅）

依委托人要求建的展望台。可眺望到远处的群山

26

A 扭转开口部，延展道路一侧的视线。

在用地南侧被堵的情况下，
如何打造开放的起居室、餐厅、厨房？

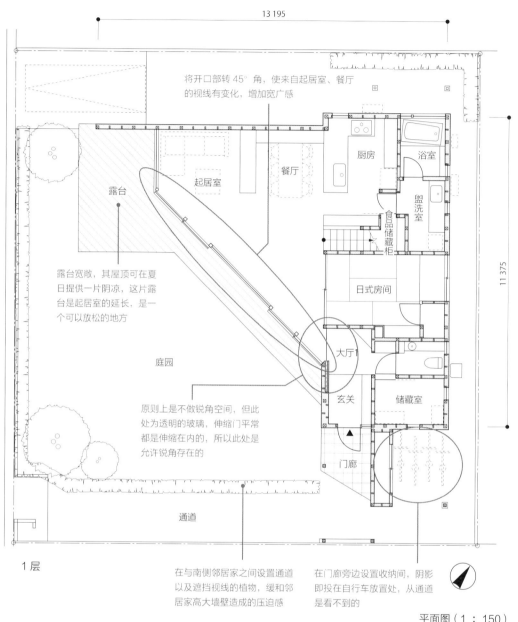

13 195

将开口部转 45° 角，使来自起居室、餐厅的视线有变化，增加宽广感

厨房　浴室

餐厅

起居室

盥洗室

露台

食品储藏柜

露台宽敞，其屋顶可在夏日提供一片阴凉，这片露台是起居室的延长，是一个可以放松的地方

日式房间

大厅

11 375

庭园

原则上是不做锐角空间，但此处为透明的玻璃，伸缩门平常都是伸缩在内的，所以此处是允许锐角存在的

玄关　储藏室

门廊

通道

1层

在与南侧邻居家之间设置通道以及遮挡视线的植物，缓和邻居家高大墙壁造成的压迫感

在门廊旁边设置收纳间，阴影即投在自行车放置处，从通道是看不到的

平面图（1：150）

　　住宅中的起居室、餐厅跟其他居室不一样，它会构成这栋住宅的特色，其舒适程度决定着住宅的居住性。在图示案例中，如何通过起居室、餐厅体现住宅的特色，我们可以在西侧道路和正南方向稍微偏西的方位上找到问题的线索。

　　南侧是邻居家的高墙，如果将窗户正对着它，会让人感觉有压迫感，因此便将起居室的开口部转 45°，朝向西南，使视线朝向道路，以消解压迫感。转了 45° 的起居室、餐厅的开口部控制在 2.2 m，为突出其宽度，将屋顶做成斜面。其他居住部分都是朝道路而建的，所以起居室、餐厅房间的形状和天花板成为一个三角形。然后在这个三角形的斜向天花板的顶部设置天窗，以确保阳光能照到位于深处的餐厅和厨房，也就是说，通过转了 45° 的开口部的宽度，来突出宽阔感，并通过三角形的斜向天花板和顶部的天窗，来打造开放感和独特性。

（案例名称：丰田市的住宅）

开口的高度调整至 2.2 m，对面可看到南侧
邻居家的高大墙壁，将开口部转 45°，即可
掩挡

厢房的开口部转 45° 角

经过长长的通道，到达门廊

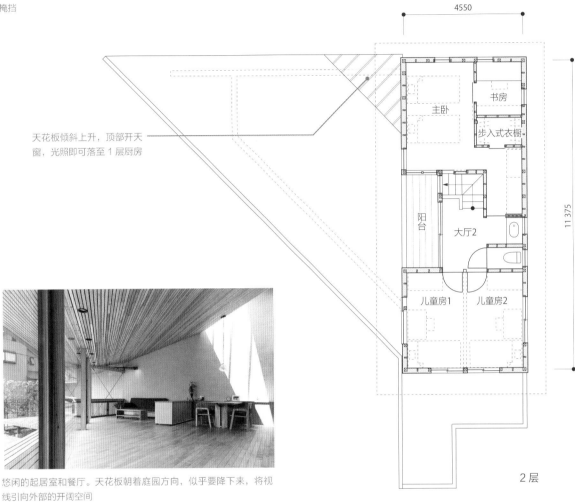

天花板倾斜上升，顶部开天
窗，光照即可落至 1 层厨房

4550

11 375

主卧

书房

步入式衣橱

阳台

大厅2

儿童房1

儿童房2

2 层

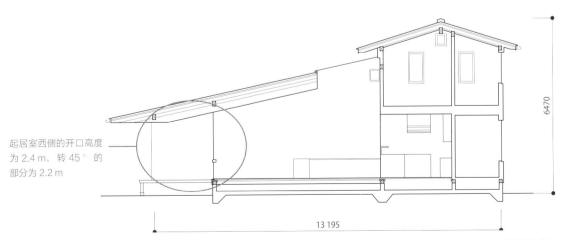

悠闲的起居室和餐厅。天花板朝着庭园方向，似乎要降下来，将视
线引向外部的开阔空间

起居室西侧的开口高度
为 2.4 m，转 45° 的
部分为 2.2 m

6470

13 195

剖面图（1：150）

27

A 在一个大房间设置暖炉餐厅。

Q 如何打造非日常空间？

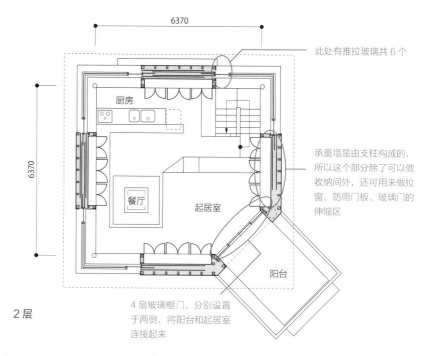

6370

此处有推拉玻璃共 6 个

厨房

餐厅

起居室

阳台

承重墙是由支柱构成的，所以这个部分除了可以做收纳间外，还可用来做拉窗、防雨门板、玻璃门的伸缩区

2 层

4 扇玻璃框门，分别设置于两侧，将阳台和起居室连接起来

右边是将卷帘收起来的状态。关闭时是左边的状态

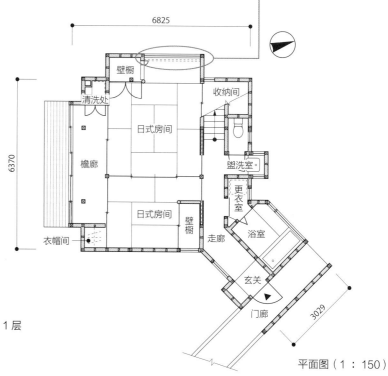

6825

壁橱

清洗处

收纳间

日式房间

检廊

盥洗室

更衣室

6370

日式房间

壁橱

浴室

衣帽间

走廊

玄关

门廊

3029

1 层

平面图（1：150）

暖炉餐厅。右边是厨房。左右两边可以看到角窗。正面中央看起来像墙壁,实际上是门。两端的柱子间添加桁架,做成承重墙,通过这扇门可以使用缝隙间的收纳空间。另外,暖炉上面的风斗,四边铁板向上折起,烟雾多的时候可以折下来,覆盖住炉子。厨房吧台深处,是电暖器

2层屋顶由8根柱子支撑,柱子均为方形,2根2根分别位于四边中央,柱子之间有空隙,外侧的飘窗部分可用来做收纳空间。支撑屋顶的梁子,做成梯形的桁架梁,即便是6.3 m的跨距,用45 mm×120 mm的对梁亦可支撑,减轻压迫感。将桁架做成井字形,支撑起方形屋顶。在角落,4根柱子成90°交叉,交点由椽木吊起,没有柱子也可形成一个角。以防万一,除阳台出入口部分的三个地方还立了直径135 mm的圆柱

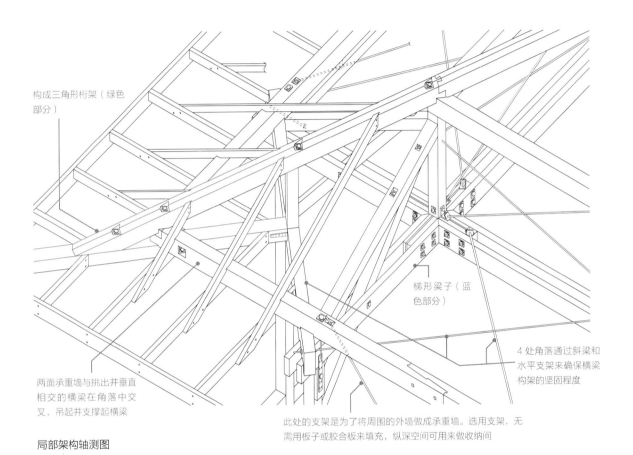

构成三角形桁架(绿色部分)

梯形梁子(蓝色部分)

4处角落通过斜梁和水平支架来确保横梁构架的坚固程度

两面承重墙与挑出并垂直相交的横梁在角落中交叉,吊起并支撑起横梁

此处的支架是为了将周围的外墙做成承重墙。选用支架,无需用板子或胶合板来填充,纵深空间可用来做收纳间

局部架构轴测图

通常,我们会想邀请亲近的人来别墅。我们会想在这个非日常的空间中度过一段自由的时光,也会想跟亲近的人聊聊天,增进亲密关系。因此,别墅中就需要有一个能帮我们实现这个目的的装置。用餐就是一个有效的手段,大家齐聚一堂,炉子里点着火,火光照亮了每个人的脸,大家彼此观瞧,一起用餐、聊天——这样的装置,在图示案例中,就是暖炉,以及将其包围在内的一间大屋子。

它在尊重每个人的自由意志的同时,又衍生出了一种自然地将人吸引入内的连带感。2层的四角是边长为1.8 m的伸缩飘窗,朝森林方向开放。东西南北四面墙中央做成对角线1.5 m长的构造墙,构造墙深处,则利用飘窗的纵深空间,设置收纳架,将梯形的桁架做成井字形,架在墙壁两端的柱子上。四角中的一个,没有柱子,形成阳台。桁架的交叉部分用金属固定。

(案例名称:箱根别墅)

28

A 错开四坡屋顶的屋脊，
通过斜面天花板使空间更开阔。

Q 如何在墙边建天花板高1.8m的起居室？

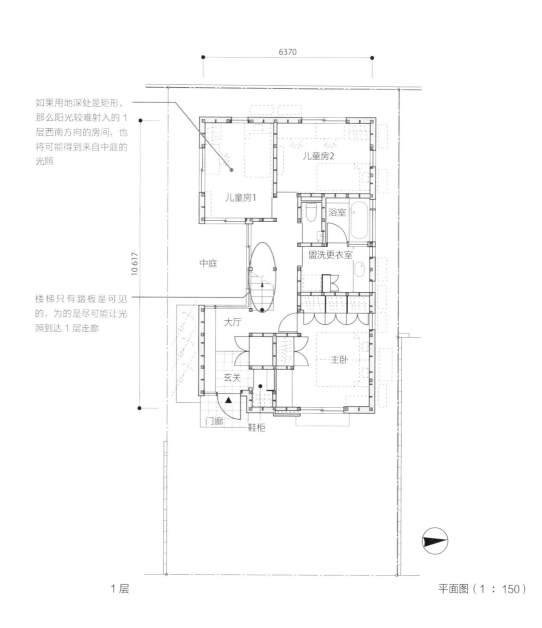

如果用地深处是矩形，那么阳光较难射入的1层西南方向的房间，也将可能得到来自中庭的光照

楼梯只有踏板是可见的，为的是尽可能让光照到达1层走廊

6370

10 617

儿童房2

儿童房1

浴室

盥洗更衣室

中庭

大厅

主卧

玄关

门廊

鞋柜

1层

平面图（1：150）

单人房间且不论，起居室的话，若天花板高度只有1.8 m，一般是不可取的。在北侧斜线限制下，北侧只能有1.8 m的高度，说明在用地内，没有充分的空间可供阳光自南侧射入，1层的起居室较难获取光照。当然即便如此，1层的起居室也必须要保证法规规定的采光量，设计出来的"コ"形空地，可形成逆向布局中的2层起居室、餐厅。

然后在天花板高度1.8 m的起居室北侧的边缘放置沙发，当人坐下的时候，视线不会朝向天花板高1.8 m的北侧方向。天花板是有斜度的，自南向北逐渐变高，屋脊的方向约向南偏0.9 m，由此一来，天花板自然会变高。而且，起居室的墙面线会依据空地面积偏离约1.8 m，则南侧墙面位置便可以取一个天花板高，有较大的开口，从而打造出一个开放性的空间，让人根本感觉不到天花板高度只有1.8 m。

其他天花板高1.8 m的地方，则可用来做一些高度不高也不碍事的功能性空间，如食品储藏柜、厕所、壁橱等。

（案例名称：三鹰的住宅）

来自中庭的光照让餐厅十分明亮，必要的地方天花板都比较高，以避免采光不足

从客房前看厨房，屋脊偏离了中央位置

外观。能看出屋脊的偏离

起居室和日式房间。因为屋脊有偏离，所以中庭一侧的开口比较高，隔着楼梯而来的光照也足以让这片空间明亮

这里是屋脊位置。屋脊的位置向南错开约1 m，这样天花板高度就会增加，即使在楼间距限制下，天花板高度只能取 1.8 m，人坐在沙发上，所看到的空间也会很大

食品储藏柜、厕所等房间，即便没有足够的天花板高度，也不会有太大问题，所以配置在北侧

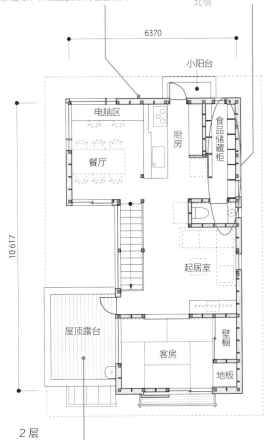

6370

小阳台

电脑区

厨房

食品储藏柜

餐厅

起居室

10617

屋顶露台

客房

壁橱

地板

2层

玄关上部特意做成屋顶露台而不是房间，为的是让光照能充分通达至中庭，中庭一侧的扶手采用扁钢，不遮光

6723

1400

5000

道路一侧的屋顶露台扶手做得很高，遮挡来自道路的视线

东立面图（1：150）

29

A 将装饰架收纳间和日式地橱连接起来。

Q 如何让餐厅和日式房间并存？

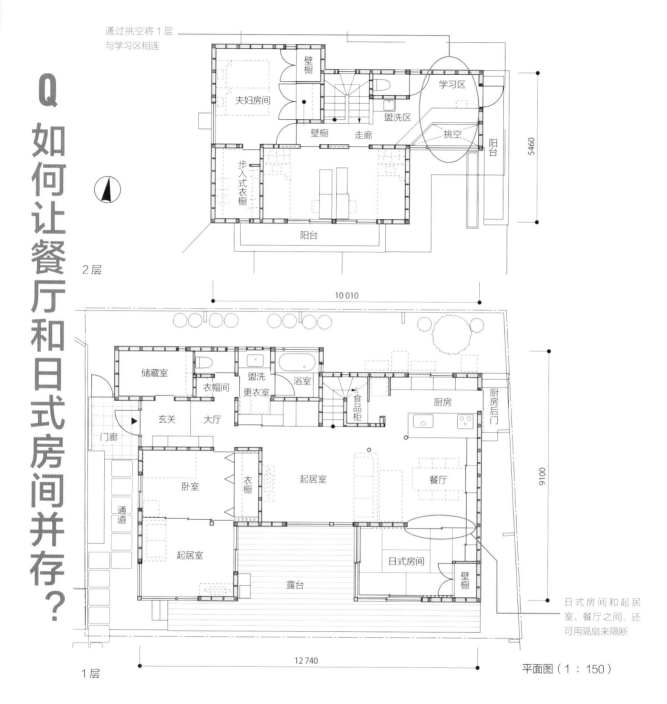

通过挑空将1层与学习区相连

2层

壁橱

夫妇房间

盥洗区

学习区

壁橱　走廊

挑空

阳台

步入式衣橱

阳台

5460

10 010

储藏室

衣帽间

盥洗更衣室

浴室

食品柜

厨房

厨房后门

玄关　大厅

门廊

卧室　衣橱

起居室

餐厅

通道

起居室

露台

日式房间

壁橱

日式房间和起居室、餐厅之间，还可用隔扇来隔断

9100

1层　　12 740

平面图（1∶150）

2层的学习区。从日式房间升起的斜面天花板止于桌前，形成一个小的挑空

经常会有将起居室和餐厅相连，又设置日式房间的情况。一般来讲，餐厅和日式房间在空间性质上不尽相同，一个属于日式，一个属于西式，所以很难在它们两个之间做出一体感。此外，只要建筑用地不是东西狭长状，那么要想使起居室、餐厅、日式房间的其中一个在布局上朝南，操作起来多是比较困难的。

这种情况下，可将餐厅做成延续两层的斜面天花板的半挑空，以使光照自墙壁边缘的天窗落下。光照将餐桌边缘的装饰台照亮，日式房间与简易地橱相接。给日式房间做隔断时，为将隔扇拉到墙边，需将隔扇按地橱的尺寸嵌入。

（案例名称：稻荷町的住宅）

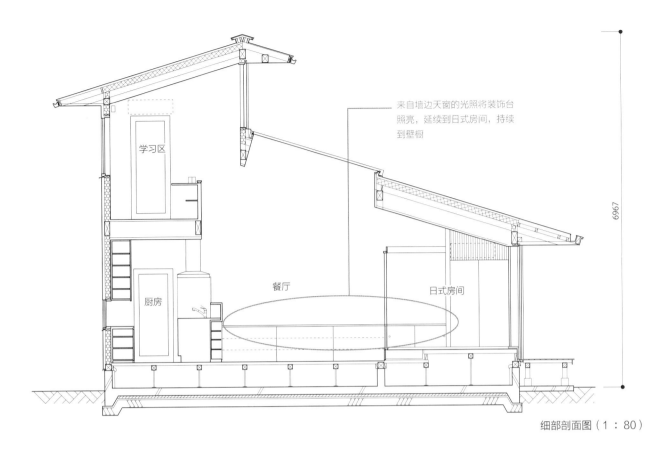

来自墙边天窗的光照将装饰台
照亮，延续到日式房间，持续
到壁橱

学习区

厨房

餐厅

日式房间

6967

细部剖面图（1：80）

隔着餐桌看日式房间方向。餐桌旁的收纳间延长出去，与简易壁龛、地橱相连。餐厅有来自墙边天窗的阳光

30

A 不需要孩子的房间时，先用作挑空。

Q 将来孩子的房间规划在哪里？

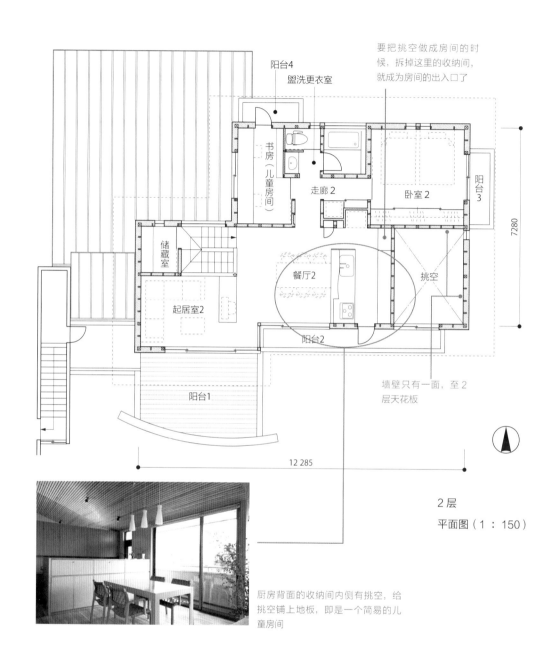

要把挑空做成房间的时候，拆掉这里的收纳间，就成为房间的出入口了

阳台4

盥洗更衣室

书房（儿童房间）

走廊2

卧室2

阳台3

储藏室

起居室2

餐厅2

挑空

阳台2

阳台1

墙壁只有一面，至2层天花板

7280

12 285

2层

平面图（1：150）

厨房背面的收纳间内侧有挑空，给挑空铺上地板，即是一个简易的儿童房间

在一座两代人居住的住宅中，如果生子问题一直无法落实，那么孩子的房间如何设置，将会成为一个问题。在有限的预算和面积限制下，甚至有时会考虑设置一个房间，但是不用它，就让它闲置在那里。这种情况下，则优先考虑了空间的保障，孩子出生之前暂且做成挑空，扩大起居室的空间容量，充分享受一番。同时也预测到孩子出生之后的情况：设置地板，改造成儿童房间。

挑空并不是天花板越高就越气派。可看到的墙面不会被下层房间的天花板隔断，而是会延续到上层的天花板附近，垂直延伸才是其"魄力"所在。如果墙壁中间被隔断，那么效果就会减半。更不用说那种墙面没有和上层连接在一起，而只是在天花板上开了一个大方形的挑空了，它只是天花板很高，但气势极其缺失，基本没有任何效果。

（案例名称：河内町的住宅）

2层高至天花板的挑空和1层起居室成为延续至庭园的开放性的空间。即便以后挑空成了孩子的房间，延续至庭园和露台的开阔感依然存在的，就一个起居室而言，足够让人在此放松

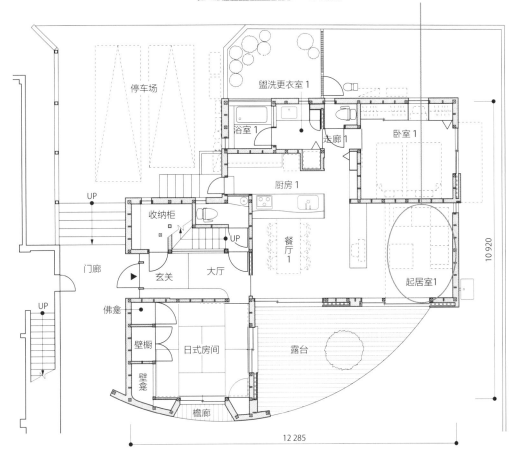

停车场

盥洗更衣室1

浴室1

还廊1

卧室1

厨房1

收纳柜

UP

门廊

玄关

大厅

餐厅1

起居室1

佛龛

壁橱

日式房间

露台

壁龛

檐廊

UP

UP

10 920

12 285

1层

北面的墙壁从1层的地板起延续至2层天花板。东侧的窗户也是狭长的，突出了建筑的垂直线条

自1层餐厅观看。虽因为餐厅的天花板出现中断，前方的挑空还是会让人感到高大墙壁的存在

31

A 利用楼梯扶手巧妙做隔断。

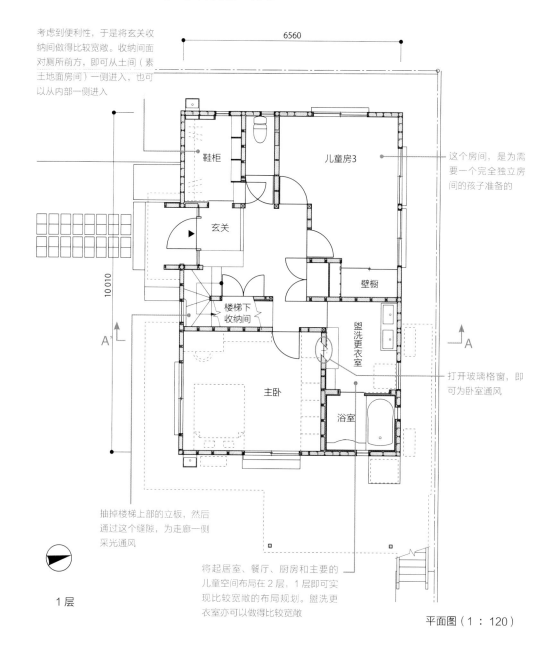

考虑到便利性，于是将玄关收纳间做得比较宽敞。收纳间面对厕所前方，即可从土间（素土地面房间）一侧进入，也可以从内部一侧进入

6560

鞋柜

儿童房3

这个房间，是为需要一个完全独立房间的孩子准备的

玄关

壁橱

10010

盥洗更衣室

打开玻璃格窗，即可为卧室通风

楼梯下收纳间

主卧

浴室

抽掉楼梯上部的立板，然后通过这个缝隙，为走廊一侧采光通风

1层

将起居室、餐厅、厨房和主要的儿童空间布局在2层，1层即可实现比较宽敞的布局规划。盥洗更衣室亦可以做得比较宽敞

平面图（1∶120）

两层建筑中，如果想在2层设置起居室，那么在面积分配上，一般会想把儿童房间设置在1层。因为儿童房间设置在2层，起居室、餐厅就容易变得非常狭窄。但是这种情况，父母会看不到孩子的进出，这也是一个令人担心的问题。

考虑一下孩子还小，需要照看，以及将来要离家独立这个问题，其实有必要给孩子设置一个单独房间的时期并不是很长。还小的话，那就跟起居室做成一个房间，加个扶手类的装置做隔断，必要的时候，房间彻底隔断开就好。这就是这栋住宅的布局思路。

从父母的角度来讲，可以随时看到孩子；从孩子的角度来讲，他／她也可以享受与父母在一起的感觉。孩子弄乱的东西有扶手做隔断，不会轻易扔到起居室。家长也可以在厨房看到正在玩乐的孩子们。

（案例名称：草加市的住宅）

图片右侧为欢聚室的桌子。左侧为起居室

将起居室、餐厅、儿童房间做成一个房间

从儿童房间2看向起居室，屋顶椽子一直延续到起居室

隔着楼梯，可以避免孩子的玩具被扔到起居室

这个房间，为第二个需要单独房间的孩子准备

这个房间，为第一个需要单独房间的孩子准备

可以跟孩子们一起做饭的桌子和水槽

6560

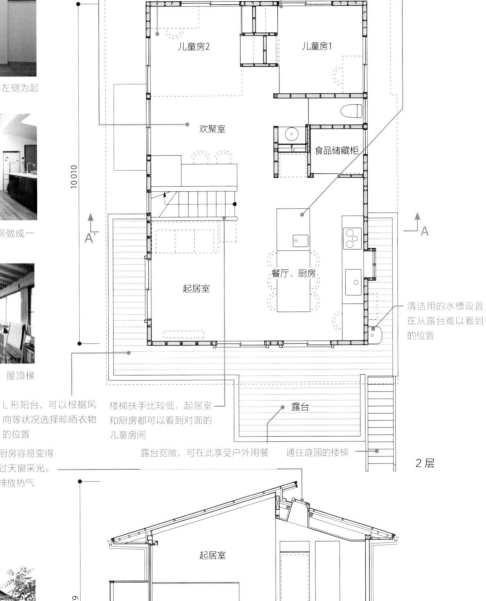

儿童房2

儿童房1

欢聚室

食品储藏柜

10 010

起居室

餐厅、厨房

A'

A

清洁用的水槽设置在从露台难以看到的位置

L形阳台，可以根据风向等状况选择晾晒衣物的位置

楼梯扶手比较低，起居室和厨房都可以看到对面的儿童房间

露台

2层

楼梯的出口和厨房容易变得阴暗，所以通过天窗采光。天窗还可用来排放热气

露台宽敞，可在此享受户外用餐

通往庭园的楼梯

建在旗杆状用地的深处

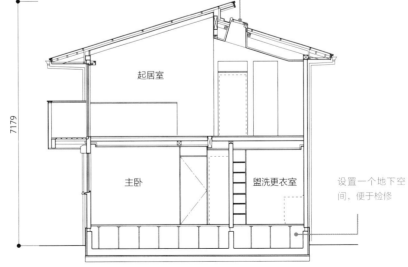

起居室

7179

主卧

盥洗更衣室

设置一个地下空间，便于检修

A-A' 剖面图（1：120）

32

A 调整视平线，拉近家人之间的距离。

Q 榻榻米与现代生活格格不入？

11 830

9100

盥洗区　走廊2

儿童房

主卧

壁橱

花台　花台　阳台

若厢房的屋顶斜度上升，就会与2层腰窗发生冲突，窗户高度不足。这时，设置一个阳台，即可将厢房的斜面控制在不到1m的高度上

2层

厢房采用坡屋顶，檐头呈水平

11 830

更衣室　门廊

浴室　盥洗室　储物柜　储藏室

玄关

清洗台下方可以放脚的区域，深约300 mm

食品储藏柜　走廊　收纳间　大厅　书房

厨房

9100

使坐在清洗台前的人和坐在被炉里的人拉开距离

茶室

起居室

露台

平面图（1∶200）

1层

当嵌入式被炉高度与厨房地板高度一致的时候，站在厨房的人和钻到被炉里的人，他们的视线之间总是会产生较大的高度差，彼此之间无法顺畅交流。

这种情况下，不妨做个榻榻米台，在保障嵌入式地炉深度的同时，也可与站在厨房的人的视线保持一致。

另外，在2层建筑中，若在内部必要的地方随意设置必要的开口部，那么建筑立面的设计就极易变得零散不规整。面对这个问题，通常的处理方法是与2层腰墙的下端线条齐平，以此为界线，变换一下装饰材料，做成两种色调，即可让立面看上去比较整齐。

上述线条的裁取，若刚好接近屋檐高度的黄金分割线，那么建筑立面会更加美观。需要注意的是，窗户上端要达到屋顶的高度，除了屋顶侧面，窗户上方不建小垂壁。

（案例名称：有茶室的住宅）

当人坐在嵌入式被炉中时，视线可与站在厨房等地的人保持接近

若要在茶室建一个嵌入式被炉，要么降低厨房地板的高度，要么抬高茶室地板的高度，使坐在被炉里的人和站在厨房的人的视线保持一致。榻榻米台高约 350 mm，若要降低厨房地板高度，建议降到 100 ～ 150 mm 左右

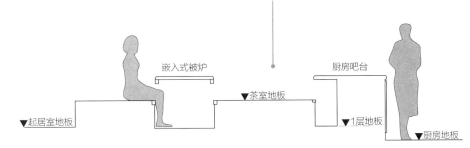

茶室与厨房的关系

外墙若要上两种颜色，则开口部上方就不设置小垂壁

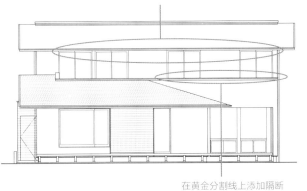

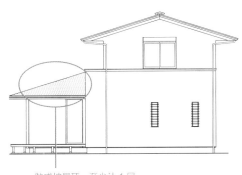

在黄金分割线上添加隔断材料，上下墙壁用不同的装饰材料，与开口部下端的线条保持一致

做成坡屋顶，至少让 1 层裙屋的屋顶檐头保持水平

立面图（1：200）

左 使起居室、餐厅挑出于 2 层南侧墙壁线条。将这个屋顶的最高部分，抬高到与 2 层腰部相同的高度，即可将起居室、餐厅的天花板部分拉高

右 外墙由 2 层腰窗的下端线隔开，呈两种色调

33

A 主要房间靠北布局，通过回廊造一个缓冲区。

Q 如何布局规划才能避免被南侧邻居窥视？

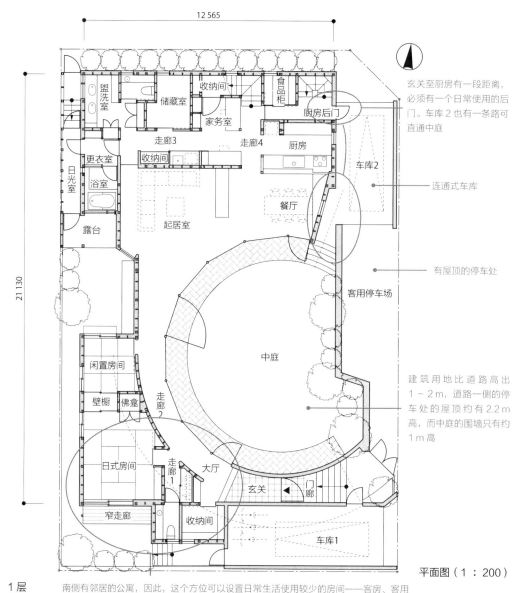

12 565

21 130

玄关至厨房有一段距离，
必须有一个日常使用的后
门。车库 2 也有一条路可
直通中庭

连通式车库

有屋顶的停车处

客用停车场

建筑用地比道路高出
1 ~ 2 m，道路一侧的停
车处的屋顶约有 2.2 m
高，而中庭的围墙只有约
1 m 高

盥洗室　储藏室　收纳间
家务室　食品柜
走廊3　走廊4　厨房后门
更衣室　收纳间　厨房
日光室　浴室
露台　起居室　餐厅　车库2
闲置房间
壁橱　佛龛　走廊2
中庭
日式房间　走廊1　大厅
窄走廊　收纳间　玄关　门廊
车库1

1 层

平面图（1：200）

南侧有邻居的公寓，因此，这个方位可以设置日常生活使用较少的房间——客房、客用
卫生间、收纳间。拉窗一关闭，客房即可将视线遮挡在外。同时，客房布局在玄关附近，
客人一般不会经过起居室，此举也是为了便于接待

从玄关经回廊至起居室

在这块用地中，若按一般布局思路在南侧设置庭园，那么在南侧公寓的 2
层走廊便可将住宅一览无余。设置一个 5 m 高的遮挡围墙，又显得颇为乏味。

因此，便在用地中央东侧设置了一个半圆状的庭园，然后在其周围布局
各种功能的空间。再设置道路高度的带顶棚的停车区，连通式车库，普通车
库和门；高出 1 m 的用地上设置玄关、客房、闲置房间、起居室餐厅，随后，
再把将它们相连的回廊建成一个半圆状。

中庭的东侧边缘部位建起高约 1 m 的围墙，在其上端使屋顶挑出，做成
停车区的屋顶。回廊和起居室、餐厅的天花板是三个曲面的小窄板天花板，
虽然破风板的美洲丝柏是水平的，但依然是三个曲面。

（案例名称：空间居）

停车处的屋顶为单边挑出式屋檐。前方是穿越停车库

圆弧状的屋檐将半圆中庭围起来。檐头的破风板为美洲丝柏，是隐藏导水管

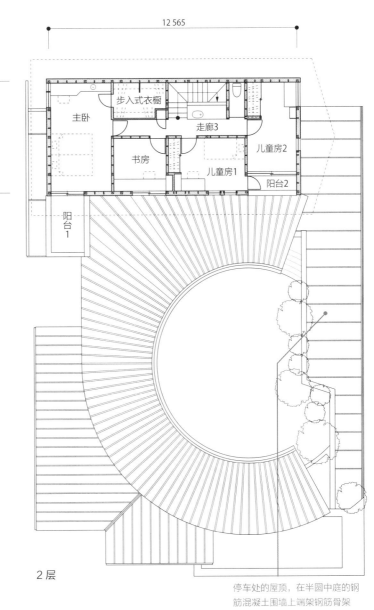

12 565

5460

主卧

步入式衣橱

走廊3

书房

儿童房1

儿童房2

阳台2

阳台1

2 层

停车处的屋顶，在半圆中庭的钢筋混凝土围墙上端架钢筋骨架

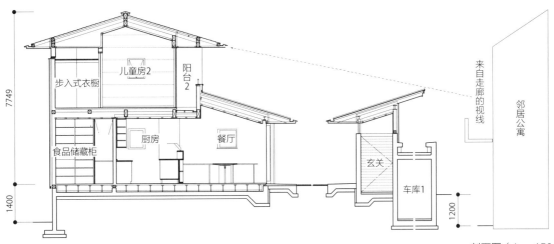

7749

1400

儿童房2

步入式衣橱

阳台2

厨房

餐厅

食品储藏柜

玄关

车库1

来自走廊的视线

邻居公寓

1200

剖面图（1：150）

34

A **不要忘记防结露，防集中暴雨。**

Q 建地下室的时候需要注意什么？

道路一侧的立面。慎重决定可为外墙防脏的屋檐以及开口部的形状和位置，使这栋住宅表现出不像住宅的样态

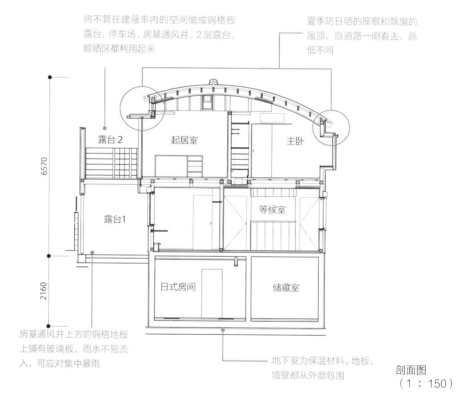

将不算在建蔽率内的空间做成钢格板露台，停车场、房基通风井、2层露台、晾晒区都利用起来

夏季防日晒的屋檐和飘窗的屋顶，自道路一侧看去，高低不同

6570

露台2　　起居室　　主卧

露台1　　　　　等候室

2160

日式房间　　储藏室

房基通风井上方的钢格地板上铺有玻璃板，雨水不易流入，可应对集中暴雨

地下室为保温材料，地板、墙壁都从外部包围

剖面图
（1∶150）

　　在不能建三层住宅的地区，若想建一座商住两用的房子，两层的话，住宅部分可能会出现空间不足的情况，此时可利用地下容量，弥补所需面积不足的问题。

　　地下室的建造费用要看用地的状况，用地状况不同，费用也会大不相同。就单价来讲，费用甚至可能比地上层要高一倍。我也曾设计过许多地下室，一般来讲，若孔内水位比地下室的地板高度低，且用地上的残土处理，材料搬运都进展比较顺利的话，费用不会太高。且若不需要打桩工程，设计合理的话，则只需与地上层相同程度的预算即可。

　　但是若预算比较低就需要注意了。地下室最怕的就是结露，条件允许的话，地下室最好也做一层外部保温，尽可能地减少结露的可能性，最好是能安装一个小空调，以便时常排出湿气。如此一来，即便内部是清水混凝土，也不容易结露。换气扇可在夏天将外部空气引入，

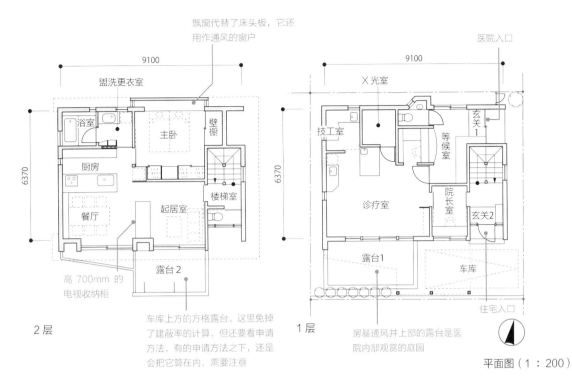

飘窗代替了床头板，它还用作通风的窗户

9100

盥洗更衣室

浴室

厨房

主卧

壁橱

楼梯室

餐厅

起居室

6370

露台2

高 700mm 的电视收纳柜

2 层

车库上方的方格露台。这里免掉了建蔽率的计算，但还要看申请方法，有的申请方法之下，还是会把它算在内，需要注意

医院入口

9100

X 光室

技工室

等候室

玄关1

诊疗室

院长室

玄关2

6370

露台1

车库

住宅入口

1 层

房基通风井上部的露台是医院内部观赏的庭园

平面图（1：200）

住宅部分的起居室、餐厅、厨房用拱顶的吸声小窄板覆盖。为了使狭窄的室内看起来更宽敞，在周边设置格窗，以保证天花板能延续到飞檐内侧，格窗上设置排热气的小窗户

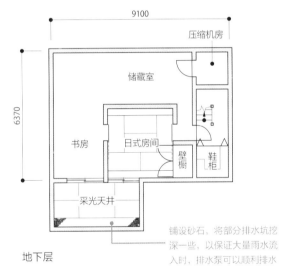

9100

压缩机房

储藏室

6370

书房

日式房间

壁橱

鞋柜

采光天井

地下层

铺设砂石，将部分排水坑挖深一些，以保证大量雨水流入时，排水泵可以顺利排水

有时反而会增加湿度。

另外一个需要注意的是，为采光而设置的晾晒区如何应对集中暴雨的问题。解决这个问题，有一个办法——房基通风井的地上部分铺上方格板，上面盖一层玻璃，雨水就进不来了。

若房子为商住两用，建议住宅和店铺的入口做好分离，给店铺设置一个与住宅不同的样态。图示案例将屋顶做成了曲面，并延续到了 2 层住宅部分的天花板，营造出不同于住宅的样态。

（案例名称：兼做医院的住宅）

自地下书房看房基通风井。阳光自方格地板照射下来，可保证地下室明亮。对于房基通风井，挖一个集水坑，铺设砂石，使部分雨水渗透进来，部分深挖，以保证大量雨水流入时，排水泵可以顺利排水

35

A 将两者的起居室分开，给双方留有独立空间。

Q 与子女一同居住的父母的卧室应布局在哪里？

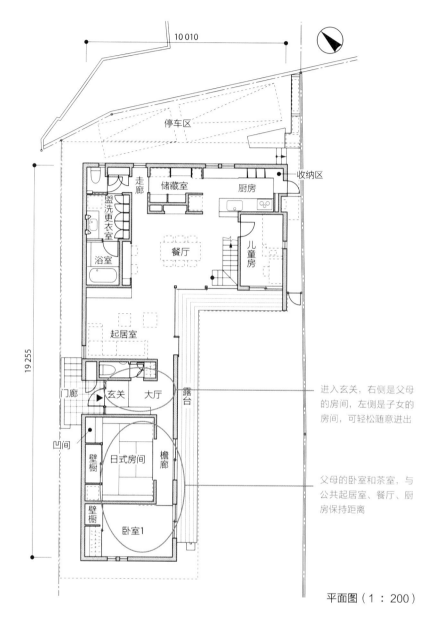

10 010

19 255

停车区

收纳区

走廊

储藏室

厨房

盥洗更衣室

餐厅

儿童房

浴室

起居室

门廊

玄关

大厅

露台

凹间

进入玄关，右侧是父母的房间，左侧是子女的房间，可轻松随意进出

壁橱

日式房间

檐廊

父母的卧室和茶室，与公共起居室、餐厅、厨房保持距离

壁橱

卧室1

1层

平面图（1：200）

玄关。左侧为起居室、餐厅；右侧为可做茶室的日式房间和父母的卧室

两代人的住宅，彼此的生活是否舒适，取决于父母和子女的生活空间如何隔断。

即便用餐在一起，彼此也都需要一个单独的空间，在此，我们把这个地方定为各自的卧室。建筑物沿着用地走向，呈东西狭长状，不妨就将这种狭长用作建筑物设计上的特征。玄关就设置在东西方向的黄金分割线的位置上，仿佛一个点缀，通过这个玄关可将父母的卧室分离，将子女的卧室设置在餐厅上方的2层，使彼此都能拥有一个独立的空间。

（案例名称：杉户町的住宅）

北侧墙壁的开口部，只有盥洗区的高窗、点缀性的起居室通风小窗，以及日式房间的地窗，除这些之外并没有设置其他，玄关位置比较明显

从餐厅看露台和起居室。左侧可以看到的是朝向年轻夫妇卧室的楼梯

窄走廊和朝南的窗户

从餐厅看起居室、玄关方向。椽子根根相连

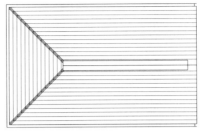

2 层屋顶

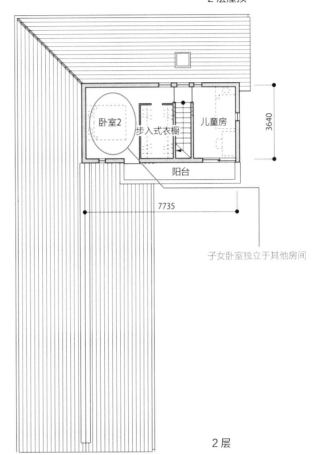

卧室2　步入式衣橱　儿童房

阳台

3640

7735

子女卧室独立于其他房间

2 层

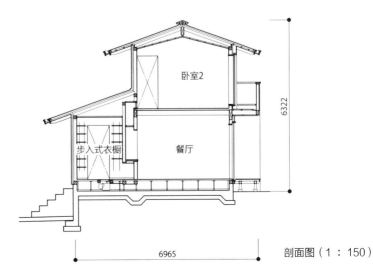

卧室2

餐厅

步入式衣橱

6322

6965

剖面图（1：150）

Q 如何将父母子女两代人的住宅相连？

屋脊通风小屋顶:
彩色镀锌钢板厚0.35
圆弧加工
屋面沥青用量22kg
望板: 杉木厚12
调整材料: 20×35
椽子: 30×35

185

110

80

15

通风

910

彩色镀锌钢板厚0.35

填充现场发泡材料

硅酮树脂填缝密封

天窗: 含透明网的双层玻璃

氯丁橡胶厚2

填充现场发泡材料

氯丁橡胶厚2

氯丁橡胶厚2

防虫网
Trical Net(黑色)

金属玻璃锁扣(单独制作)

45

排水:
彩色镀锌钢板厚0.35

屋顶的通风层。热气自这里排出

结露接收装置

通风

脊檩

外露椽子

灰泥墙

屋顶:
─彩色镀锌钢板
 厚0.35 瓦棒菁
─屋面沥青用量22kg
─望板: 构造胶合板厚12
─通风椽子 30×45@455
 (保温板专用螺丝扣)
─保温材料: 硬质聚氨酯泡沫板
 (Achilles)厚
─椽子45×100@455

天窗剖面图（1：12）

中部走廊上方的天窗。出入口推拉门的横木上方设置间接照明

　　建筑用地比较大的情况下，可以使所有的房间都朝南，且东西向排列。若是两代人的住宅，走廊就会变得非常长，那么不管是从动线上来看还是从费用来看，做成两代人住宅都没有什么意义。既然如此还不如直接建两栋住宅。图示案例中，重要的起居室、餐厅都朝南，2栋呈L形布局，两者的交点是雨天时的晾衣区，晾衣区上方架起玻璃屋顶，这片区域即成为公共区，再围起一片庭园和露台，两代人住宅的意义就自然生成了。

　　大平房住宅，多设置中部走廊。这种走廊多位于屋脊下方，容易阴暗。要想使之明亮，只能沿着走廊，架起玻璃屋顶。设置于斜面屋顶中部的横长玻璃屋顶，需要一个细节设置，这个设置的用处是将从上方流下来的雨水分离到两侧，但是若设置在屋脊，就不会有来自上方的雨水，处理起来就比较轻松了。另外，中部走廊中有多个房间的出入口，为避免开闭时的冲突，门一般不采用开关式，多采用推拉式。门框横木线条若不连贯，断断续续，看上去也不美观。因此将它们一线相连，形成直线，再在上面安装上小照明，做成间接照明，天花板看上去比较高。到了晚上，屋顶会发光，也别有一番滋味。

（案例名称：西方町的住宅）

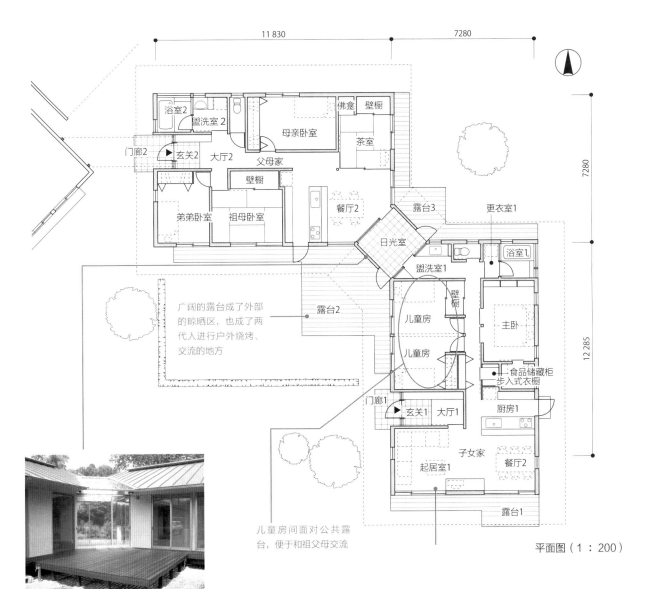

11 830　　　　7280

浴室2
盥洗室2
母亲卧室
佛龛　壁橱
门廊2
玄关2　大厅2
父母家
茶室
餐厅2
壁橱
弟弟卧室　祖母卧室
露台3
更衣室1
日光室
盥洗室1
浴室1
7280
广阔的露台成了外部的晾晒区，也成了两代人进行户外烧烤、交流的地方
露台2
儿童房
壁橱
主卧
儿童房
食品储藏柜
步入式衣橱
12 285
门廊1
玄关1　大厅1
厨房1
子女家
起居室1
餐厅2
露台1

平面图（1∶200）

儿童房间面对公共露台，便于和祖父母交流

父母子女共享的日光室也是晾晒区，拿出衣物晾晒的时候，彼此可以随意交谈几句。玻璃屋顶，阳光冬天也可以射入，室内温暖，衣物也容易干。打开设置在对角线上的窗户就有风吹入，所以夏季这里也不会太热

子女家的起居室、餐厅。位于离父母辈较远的位置，独立性强，不易被父母干扰。可通过小窗观看外部景色

从西南侧看到的住宅

37

A 用曲面的框架明确划分区域。

Q 父母子女住得近时，如何建立彼此间"若即若离"的感觉？

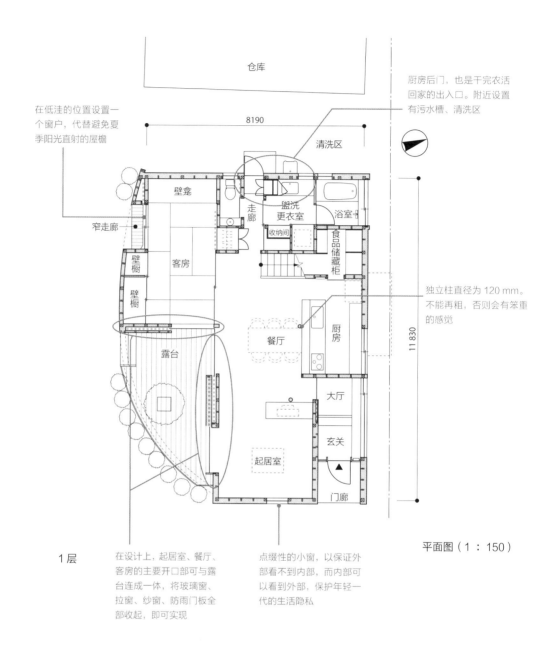

仓库

厨房后门，也是干完农活回家的出入口。附近设置有污水槽、清洗区

在低洼的位置设置一个窗户，代替避免夏季阳光直射的屋檐

8190

清洗区

壁龛

窄走廊

走廊

盥洗更衣室

浴室

壁橱

客房

收纳间

食品储藏柜

壁橱

独立柱直径为 120 mm。不能再粗，否则会有笨重的感觉

11830

餐厅

厨房

露台

大厅

起居室

玄关

门廊

平面图（1：150）

1层

在设计上，起居室、餐厅、客房的主要开口部可与露台连成一体，将玻璃窗、拉窗、纱窗、防雨门板全部收起，即可实现

点缀性的小窗，以保证外部看不到内部，而内部可以看到外部，保护年轻一代的生活隐私

　　在一栋古老的农家大宅子里，即便想在其中给年轻家庭建造一个家，整个宅子也依旧是父母的地盘。因此我认为，年轻家庭若想在此一起生活，他们无意识中，就会想要一个东西，凭借它来确定一块独自的领地。对于这种潜意识中的欲求，我给出的解答，就是这栋住宅。

　　住宅内部，如实地反映了委托人的需求，走进宅子内，首先映入眼帘的南侧墙面，它是一个曲面墙，宅子内部没有。在 2 层和 1 层设置亦可算作独自领域的露台空间，再用曲面的扶手墙和边框将其包围起来，宣扬着独立性和领域划分。曲面墙用灰泥装饰，边框内部为钢筋骨架，也为变形提供了可能性。

（案例名称：小平的住宅）

在广阔的用地中，曲面墙和边框营造出一种特立独行的氛围

屋外露台展开，设计上，便于父母，以及宅子内的任何人聚集。中庭中种植着一棵标志性的树

自厨房可以俯视起居室、餐厅、屋外露台

2 层的大露台，在视觉上是与 1 层露台相连的

通过挑空与 1 层相连

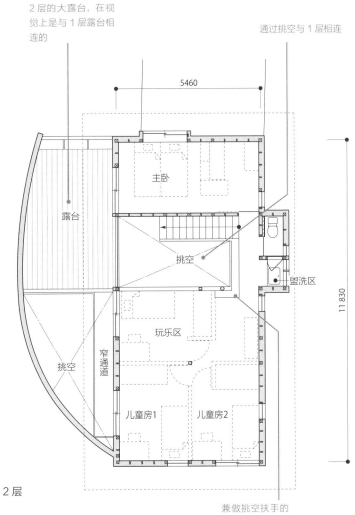

5460

露台

主卧

挑空

挑空 窄通道

玩乐区

盥洗区

儿童房1 儿童房2

11 830

2 层

兼做挑空扶手的书架

划分区域的曲面边框。里面是钢筋骨架

露台 餐厅 厨房

6814

5460

剖面图（1：150）

面对 1 层露台的扶手为扁钢，以便于与 2 层露台的人进行交流

第3章

上下关系
为生活创造变化

房间的天花板个个都很高，这样的高度不见得能让人获得相应的开阔感。从天花板低的地方，走进天花板高的地方，才能真正感受到那份高度。同时，当用地上有高低差的时候，则特意去利用这种高低差去设计建造的话，那么不同的地方就会有不同的景致。通过变化，即可打造出富于变化的空间。

38

A 将多个房间布局在面向挑空的位置上。

Q 如何打造一个能传递家人气息的挑空？

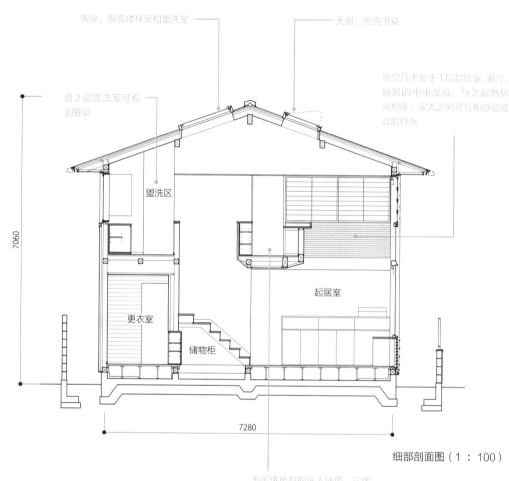

天窗，照亮楼梯室和盥洗室

天窗，照亮书桌

自2层盥洗室可看到餐桌

挑空几乎位于1层起居室、餐厅、厨房的中央部位，与2层各房间相连，家人之间可互相感受彼此的存在

盥洗区

7060

更衣室

起居室

储物柜

7280

书房供所有的家人使用，它像一座桥一样，架在楼梯和挑空之间

细部剖面图（1：100）

自厨房看起居室、餐厅方向。庭园、日式房间自不必说，自挑空，甚至可以感受到儿童房间、学习区、楼梯室的气息

　　挑空的设置，有时是为了让空间更具动感，或者让上下层互相感知彼此的气息，促进彼此间的交流。

　　这栋住宅属于后者，几乎所有的房间都面向有挑空的餐桌。纵长的东开口部更突出了挑空的存在，朝阳从这个开口部射入，南侧是起居室，北侧是厨房，西侧是楼梯间和日式房间，2层西侧是书房和盥洗室，北侧是卧室，南侧是儿童房间，在布局上，互相之间可以感受彼此的气息。

　　　　　　　　　　（案例名称：我孙子市的住宅）

在起居室也能感受到餐桌、厨房、日式房间、儿童房间、卧室、书桌的气息

12 张单席的空间里有一个可住 3 个孩子的房间

从 2 层卧室看书房、儿童房间、挑空、1 层日式房间

自起居室看日式房间。壁龛是整个内部空间的象征

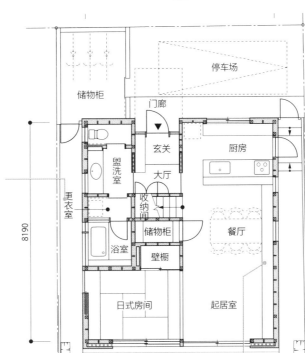

7280

8190

打开拉阖，可看到餐厅

储藏室

主卧

收纳间

走廊

盥洗区

书房

挑空

儿童房

阳台

2 层

停车场

储物柜

门廊

玄关

厨房

盥洗室

大厅

收纳间

更衣室

储物柜

餐厅

浴室

壁橱

日式房间

起居室

露台

庭院

盥洗室成为进入厕所的动线，更衣室单独设置

吧台下收纳电脑的键盘，推拉式

1 层

平面图（1：150）

A 通过桥、暖炉、连窗为其增彩。

Q 如何避免挑空单调之味？

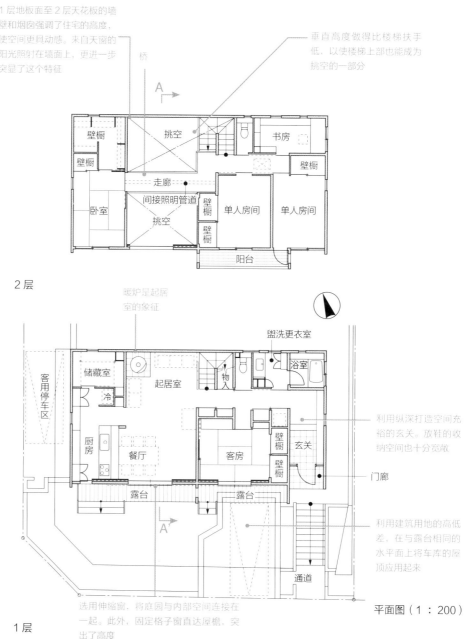

1层地板面至2层天花板的墙壁和烟囱强调了住宅的高度，使空间更具动感。来自天窗的阳光照射在墙面上，更进一步突显了这个特征

重直高度做得比楼梯扶手低，以使楼梯上部也能成为挑空的一部分

2层

桥

挑空

壁橱

壁橱

书房

走廊

壁橱

卧室

间接照明管道

壁橱

壁橱

单人房间

单人房间

挑空

阳台

暖炉是起居室的象征

盥洗更衣室

浴室

储藏室

起居室

物入

客用停车区

冷

利用纵深打造空间充裕的玄关。放鞋的收纳空间也十分宽敞

厨房

餐厅

客房

壁橱

壁橱

玄关

门廊

露台

露台

利用建筑用地的高低差，在与露台相同的水平面上将车库的屋顶应用起来

通道

平面图（1：200）

选用伸缩窗，将庭园与内部空间连接在一起。此外，固定格子窗直达屋檐，突出了高度

1层

　　规划住宅的时候，若1层的起居室、餐厅没有特色，有时会通过挑空来加以补救。这种情况下，若仅仅是做一个挑空，那么其实并没有多大的效果，铺砌地板，增加面积，或许是一个不错的选择。

　　图示案例中的墙壁、南侧的窗、暖炉的烟囱都是从1层地板至2层天花板，纵向直线十分突显挑空的存在。

　　上方再特意设置一个贯通挑空的桥，在2层也可以享用挑空带来的乐趣，为住宅添彩。

　　但是，这座桥在施工上需要注意，图示案例采用了层积材，也可以采用扁钢等材料，在视觉上呈现出轻快又透视的感觉，这样的做法也许更妥当。

（案例名称：四条畷市的住宅）

窗户为连窗，自地板一直延伸到天花板，突显了建筑的高度

建造法为：将 120 mm（厚）×450 mm（宽）×6000 mm（长）的层积材竖直排列的墙壁式层积材构造。桥的扶手使用扁钢，减少其存在感，这样可以避免挑空被隔断的情况

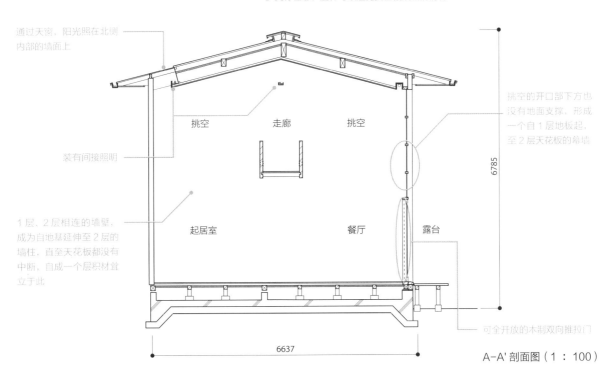

通过天窗，阳光照在北侧内部的墙面上

挑空的开口部下方也没有地面支撑，形成一个自1层地板起，至2层天花板的幕墙

挑空　　走廊　　挑空

装有间接照明

1层、2层相连的墙壁，成为自地基延伸至2层的墙柱，直至天花板都没有中断，自成一个层积材耸立于此

起居室　　　　餐厅　　露台

6785

6637

可全开放的木制双向推拉门

A-A' 剖面图（1：100）

将暖炉的烟囱自地板延伸至天花板，既能使烟雾顺畅排出，又能突显挑空的高度

40

A 建一层是地下的3层住宅。

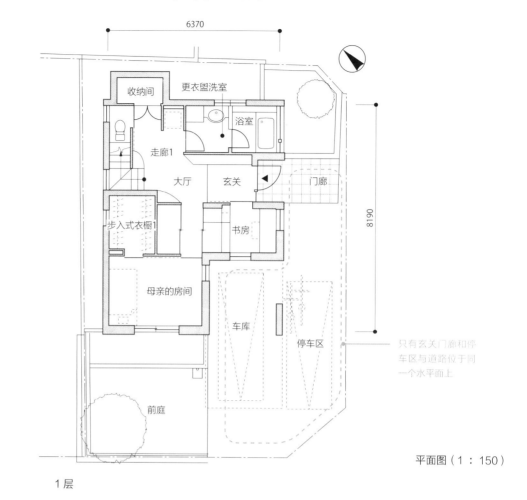

6370

8190

平面图（1：150）

1层

只有玄关门廊和停车区与道路位于同一个水平面上

Q 如何处理建筑用地内1.3 m的高度差？

左 有内部车库的时候，平均地基高度是会下降的。利用用地的高低差，建3层住宅的时候，这些问题都要慎重考量
右 从餐厅看书房，将第三层的卧室地板高度调高1m，确保起居室较为开放性的天花板高度。

在楼梯前看露台

如果建筑用地一半以上是比道路高出约1.3 m的地面，可在路边设置挡土的围栏，使大部分用地都成为比道路高出约1.3 m的地面。第一层地板面做成比道路高10 cm的高度，天花板高度做成2.2 m，那么一半以上就会在地下，即地下室，然后再在上面建木造的2层建筑。但是要建比道路高出1.3 m的地面，就需要挡土墙。如果用地上没有富余，在保证楼间距的位置上布局了一定面积的住宅，设置了车棚，那里的地面就会降低，从而拉低平均地面高度。所以在建造形成地面的挡土墙时，这部分一定要计算在内。

（案例名称：菊名的住宅）

这栋建筑物虽然是两层,但是这个高度,位于较高用地上的邻居从 1 层就可以看到,因此设置了遮挡视线的高木墙

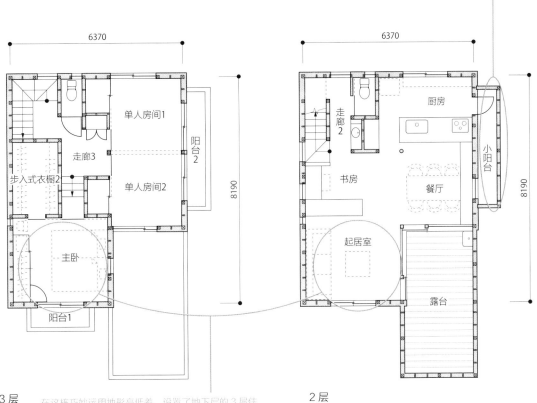

3层

在这栋巧妙运用地形高低差,设置了地下层的 3 层住宅中,存在着楼间距的制约,所以每层的层高都很低,极易形成闭塞的空间。因此将不受楼间距制约的南侧最上层(卧室)调高 1 m 左右,确保起居室部分天花板高度的同时,也减轻了闭塞感

2层

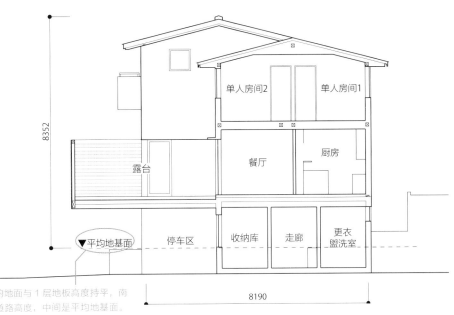

西侧和北侧的地面与 1 层地板高度持平,南侧和东侧为道路高度,中间是平均地基面。自这个高度起,有天花板高度之上的部分若位于地下,就可以看作是地下室。容积率放宽,建 3 层住宅也就成为可能

剖面图(1∶150)

41

A 顺应高度差建造独具魅力的庭园和屋顶。

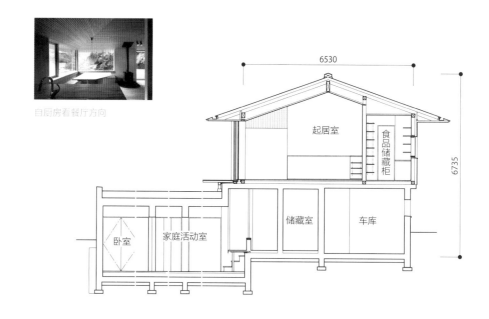

自厨房看餐厅方向

A-A' 剖面

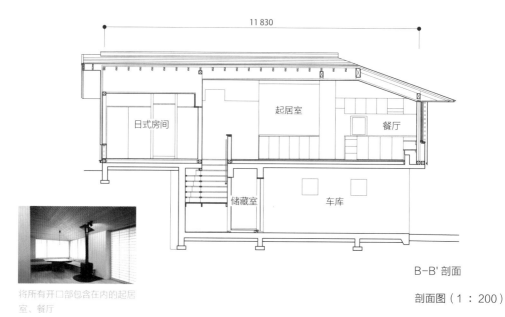

将所有开口部包含在内的起居室、餐厅

B-B' 剖面

剖面图（1：200）

　　该建筑用地东侧是5 m深的洼地，西侧是6 m高的崖地，且构成这片用地的四个地面都有1 m多的高度差。若是单纯想开发这块土地，则需要将厚1 m以上的土垫高或挖平，可能会违反法规规定。若要在平坦的土地上大面积建造房屋，那么平坦地面就会所剩无几，结果，用地原本够广阔，但是留给庭园的空间却非常少。因此，在最低的地面上，设置一个开口部在东侧的钢筋混凝土构造的卧室和单人房间；西侧一半设置为埋在地下的地下室；中段地面与高出半层的道路高度持平，上面设置车库和玄关，也是钢筋混凝土构造，做成1层。

　　2层做成木造的起居室、餐厅、厨房，其地板高度与建日式房间保持一致，且与南侧庭园和地下室屋顶庭园的高度也保持一致，

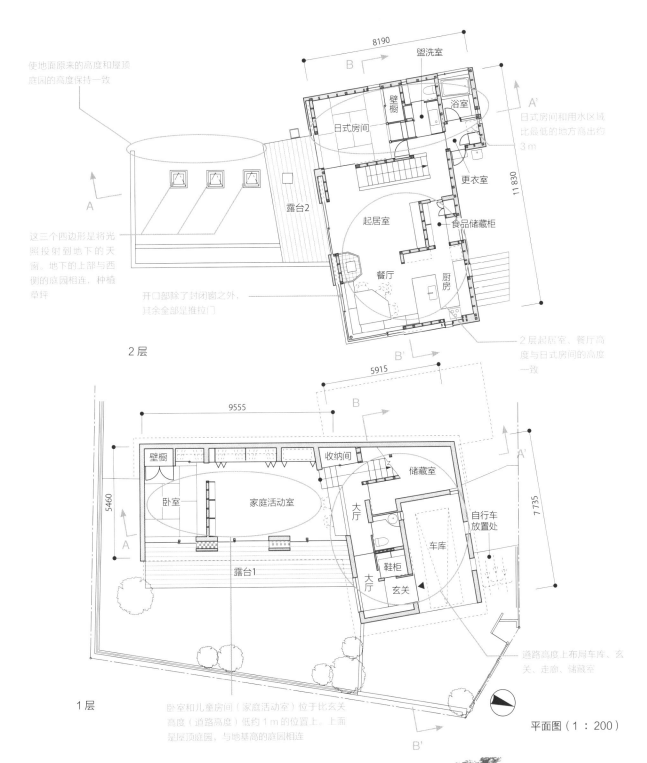

使地面原来的高度和屋顶庭园的高度保持一致

8190

盥洗室

B

壁橱

浴室

A'

日式房间和用水区域比最低的地方高出约3 m

日式房间

更衣室

11830

这三个四边形是将光照投射到地下的天窗。地下的上部与西侧的庭园相连，种植草坪

露台2

起居室

食品储藏柜

开口部除了封闭窗之外，其余全部是推拉门

餐厅

厨房

A

2 层 起居室、餐厅高度与日式房间的高度一致

2层

B'

5915

9555

B

A'

壁橱

收纳间

储藏室

5460

卧室

家庭活动室

大厅

7735

自行车放置处

露台1

车库

鞋柜

大厅

玄关

道路高度上布局车库、玄关、走廊、储藏室

1层

卧室和儿童房间（家庭活动室）位于比玄关高度（道路高度）低约1 m的位置上。上面是屋顶庭园，与地基高的庭园相连

平面图（1：200）

B'

从而形成一片较为广阔的庭园。将这片整合起来的庭园作为主庭园，起居室的开口部向南，做成分拉两侧的推拉门。为了能在餐厅的开口部可俯视东侧山谷，在东南角设置封闭窗，北侧和西侧设置通风的推拉木窗。

（案例名称：仙谷望楼）

庭园只有在这栋平房才能看到，庭园草坪上并排设置三个天窗，下部还有房间。屋顶的雨水管为隐藏式，纵向的雨水管嵌在防雨窗套的内侧，也是不可见的

42

A 庭园的设置会带来意想不到的效果。

Q 如何让阳光照射到大平房的每一个角落？

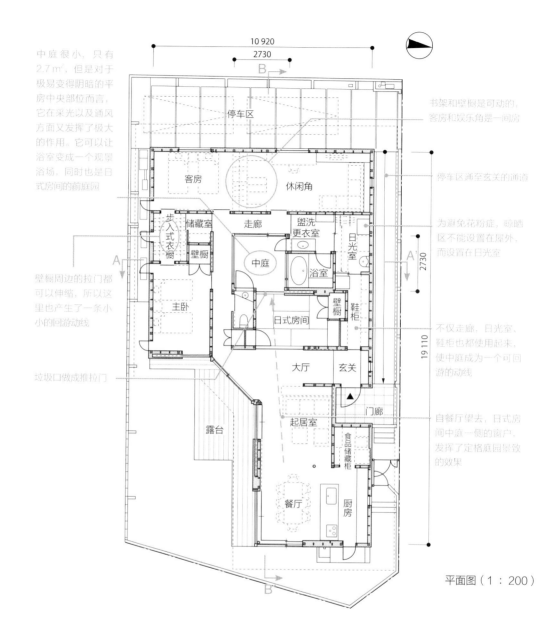

中庭很小，只有2.7㎡，但是对于极易变得阴暗的平房中央部位而言，它在采光以及通风方面又发挥了极大的作用。它可以让浴室变成一个观景浴场，同时也是日式房间的前庭园

书架和壁橱是可动的，客房和娱乐角是一间房

停车区通至玄关的通道

为避免花粉症，晾晒区不能设置在屋外，而设置在日光室

壁橱周边的拉门都可以伸缩，所以这里也产生了一条小小的回游动线

垃圾口做成推拉门

不仅走廊，日光室、鞋柜也都使用起来，使中庭成为一个可回游的动线

自餐厅里去，日式房间中庭一侧的窗户，发挥了定格庭园景致的效果

停车区、客房、休闲角、步入式衣橱、储藏室、走廊、盥洗更衣室、中庭、浴室、壁橱、鞋柜、主卧、日式房间、大厅、玄关、日光室、露台、起居室、门廊、食品储藏柜、餐厅、厨房

10 920 / 2730 / 2730 / 19 110

平面图（1 : 200）

　　设计平房住宅的时候，若想取得较大的建筑面积，则会出现离外墙较远的房间，从而导致房间昏暗。要想为它采光，只能通过天窗，但夏天的时候又要想办法应对阳光的直射。这种情况下，不如设置一个小庭园，它可以发挥出意想不到的效用。平房住宅的庭园，如果面向它的是走廊，那么它看上去就会非常宽阔；如果面向它的是盥洗更衣室或厕所，那么它就可以提供通风和采光；如果面向它的是浴室，那么浴室就可以成为一个观景浴场。它还可以用来做日式房间的庭园，从日式房间对面的起居室看，拉门、推

拉窗等就仿佛是捕捉庭园景致的远景窗，可带来若隐若现的视觉效果。

　　但是，当发生集中暴雨的时候，排水也就十分必要；房檐不能过多突出，否则外墙很容易脏，另外，如何遮挡来自邻居的视线，这些都是不能忽略的问题。如此一来，具体问题具体处理就显得尤为必要了，比如将屋檐倾斜设置，做成将截断流水考虑在内的形态等措施。

（案例名称：多摩市的住宅）

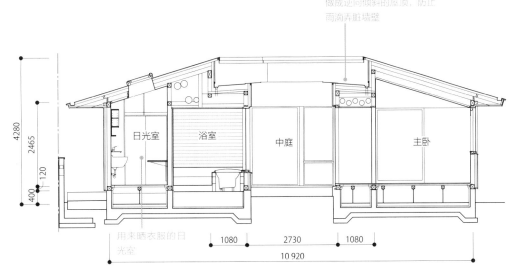

做成逆向倾斜的屋顶，防止
雨滴弄脏墙壁

4280
2465
120
400

日光室　　浴室　　中庭　　主卧

用来晒衣服的日
光室

1080　　2730　　1080
10 920

A-A' 剖面图（1：120）

特别定制的屋脊通风装置，以排
出屋顶内侧的热气

屋檐导水管做成隐
藏式，整个屋檐底
面都是同一个高度

飞出式铝板厚5

休闲角　　走廊　　中庭　　日式房间　　餐厅

1080　　2730
19 110

为应对集中暴雨，排水处理
做得万无一失

B-B' 剖面图（1：120）

从走廊隔着中庭看日式房间

从起居室一侧隔着日式房间看庭园。打开日式房间的隔扇，便能欣赏屋外景致。门为推拉式，
拉阖也分格子窗和专供出入两种，可实现多种开闭方式

43

A **通过跳跃式结构和天花板形状打造出各自的特色。**

Q 如何突出各自的特征？ **两代人的房间并排布局，**

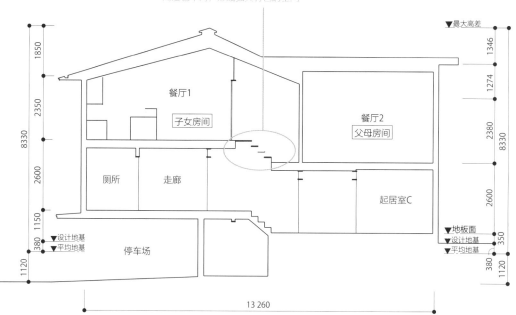

子女房间和父母房间有 800 mm 的高度差。这个高度差是一种跨入对方区域的提醒，各自的天花板高度也不同，形成独具特色的空间

A-A' 剖面图（1：150）

天花板附近的黑色角钢是间接照明

只有玄关和车库与道路高度一致

　　这栋住宅所在的用地，约比道路高 1.5 m。玄关和车库即便按道路高度规划，建在高地面上的部分和车库上的部分也会出现约半层的高度差，这个高度差通过楼梯连接。

　　这栋住宅有两代人居住，用楼梯隔断，玄关、盥洗更衣室、浴室、吸烟室、客房共用。

　　楼梯是动线的关键要素，将各个房间布局在它周边，这样的做法是比较自然的。因为楼梯的关系，房间之间有半层的高度差，所以起居室、餐厅的天花板高度各不相同，构成独具特色的空间。

　　将来可能会用的电梯在规划上，也错开了半层高度，以提供两个方向的升降。

（案例名称：日野家的住宅）

子女房间餐厅的楼梯室门打开（上）和关闭（下）的状态

楼梯室位于住宅中央部位，自然光难以到达，因此采用天窗采光。楼梯也只有踩踏面，将光照自上方引向楼下

住宅用地北侧为宽广的道路，所以在2层不用担心来自外面的视线，两代人的房间都是开放式的窗户。父母房间为大封闭窗和通风用的推拉窗；子女房间将大玻璃窗的一部分做成纵向推拉窗，以确保通风

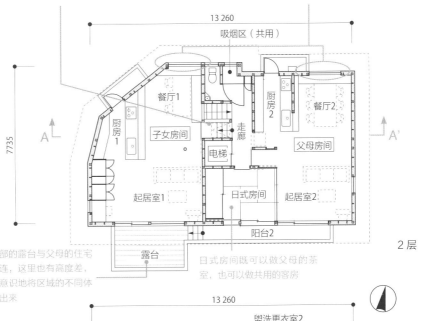

13 260

吸烟区（共用）

7735

A

A'

餐厅1

厨房2

餐厅2

厨房1

子女房间

走廊

电梯

父母房间

起居室1

日式房间

起居室2

阳台2

露台

2层

外部的露台与父母的住宅相连，这里也有高度差，有意识地将区域的不同体现出来

日式房间既可以做父母的茶室，也可以做共用的客房

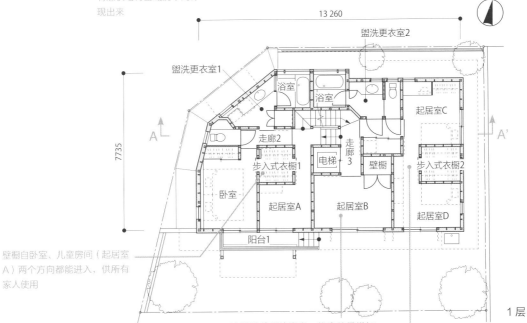

13 260

盥洗更衣室2

盥洗更衣室1

7735

A

A'

浴室

浴室

起居室C

走廊2

走廊3

电梯

步入式衣橱1

壁橱

步入式衣橱2

卧室

起居室A

起居室B

起居室D

阳台1

1层

壁橱自卧室、儿童房间（起居室A）两个方向都能进入，供所有家人使用

这里是共用的客房，将来孩子增加的时候，还可以用来做儿童房间

这间卧室中间夹着衣橱，两个起居室隔着一段距离，同时又能感受到对方的气息。起居室C的壁橱空间较小，放置着桌子和电视柜

北侧外观。分成三层和两层的外观让人一看就知道这是一栋两代人的住宅

2层子女的起居室。在这个空间中，斜面天花板富有变化

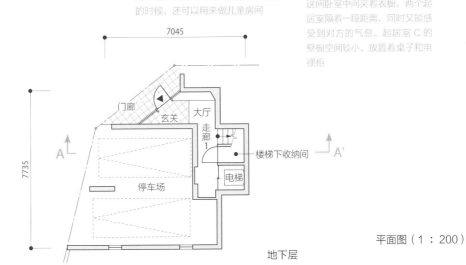

7045

7735

门廊

玄关

大厅

走廊1

楼梯下收纳间

电梯

停车场

A

A'

地下层

平面图（1：200）

第三章　上下关系为生活创造变化

097

44

A 考虑到将来，最好还是让他们保持日常运动。

Q 老年夫妇的住宅严禁设置楼梯吗？

趁身体还有活力，多爬爬楼梯，有利健康。楼梯为旋转式，防止跌落，楼梯踏步高度为180 mm，踩踏面宽度为250 mm，做得比较缓

起居室、餐厅、厨房和用水区域比较紧凑，布置在一个房间

收纳有电视的地橱

浴室

厨房

盥洗室

餐厅

起居室

大厅

玄关

露台

日式房间

朝向露台和庭园的大开口部，会使人在进入玄关的时候，对景致留下较为深刻的印象

日式房间平时用作客房，从厨房可以看到

大露台与庭园紧密相连，自起居室、日式房间、大厅都可以进入露台

1层

平面图（1：120）

大面积的圆角墙，在道路一侧给人一个较为柔和的印象

平房居住舒适便利。但是小住宅又容易导致运动量不足，反而加速衰老。如果居住人身体足够健康，那么不妨特意将卧室设置在2层，让居住人早晚出行以及晾晒衣物的行为经过一段上下楼梯的过程。

在2层卧室，有一个朝向挑空的小窗，即便居住人身体状况不佳，长期卧病在床，也可听到1层餐厅的声音；有格子窗，阳光一整天都能照射到室内，居住人可以根据光照强度感知时间和气候的变化。

但是，1层也设置有一个日式房间，它可以兼做客房，身居其中可看到厨房的状况，随时可以改造成卧室。生活需求基本在1层都可以满足。

（案例名称：朝霞市的住宅）

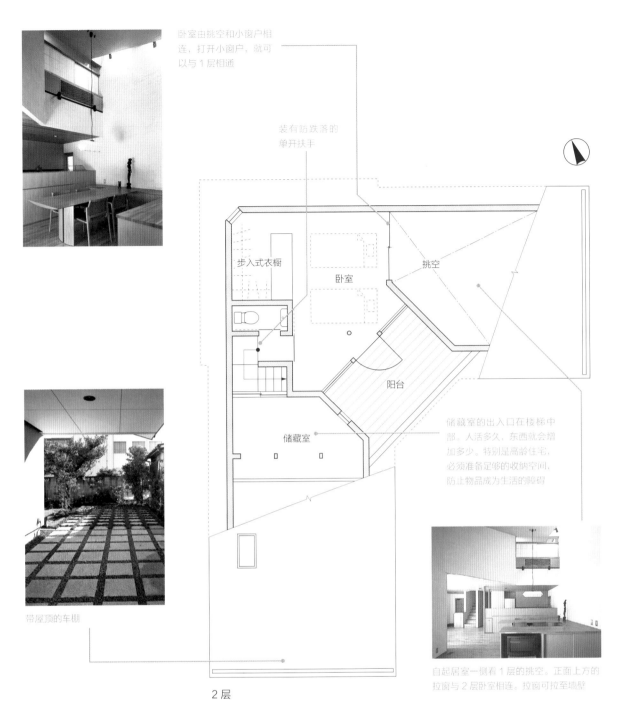

卧室由挑空和小窗户相连，打开小窗户，就可以与1层相通

装有防跌落的单开扶手

步入式衣橱

卧室

挑空

阳台

储藏室

储藏室的出入口在楼梯中部。人活多久，东西就会增加多少。特别是高龄住宅，必须准备足够的收纳空间，防止物品成为生活的障碍

带屋顶的车棚

2层

自起居室一侧看1层的挑空。正面上方的拉窗与2层卧室相连。拉窗可拉至墙壁

左图为北侧外观，右图为西侧外观，阳光从早晨到傍晚都可以通过2层的格子窗射入

45

A 可通过地下玄关和电梯来实现。

Q 能否在比道路高的用地上，建出无障碍通行空间？

天花板部分较高的餐厅和露台

自餐厅看起居室，天花板的变化一目了然。右边为日式房间

自楼梯口看起居室、餐厅、厨房。厨房上方的墙壁成为支撑地板高度差的大梁

自厨房看起居室和露台。天花板的变化一目了然。电视的对面一侧为楼梯

道路一侧的外观。玄关门廊、车库上方的庭园、儿童房间前面的阳台，三个外部空间相呼应。道路宽度 4 m

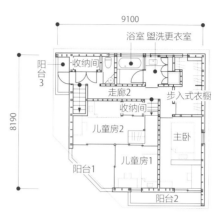

2 层

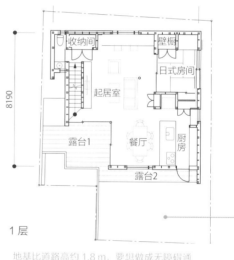

1 层

地基比道路高约 1.8 m，要想做成无障碍通行区域，只能设置家用电梯（楼梯深处的收纳间就是将来安放电梯的区域）

车库上方的屋顶庭园

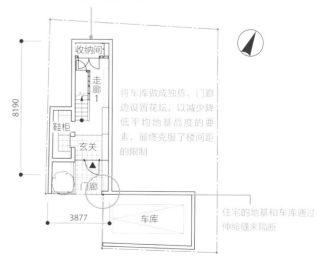

将车库做成独栋，门廊边设置花坛，以减少降低平均地基高度的要素，最终克服了楼间距的限制

住宅的地基和车库通过伸缩缝来隔断

地下层

平面图（1：250）

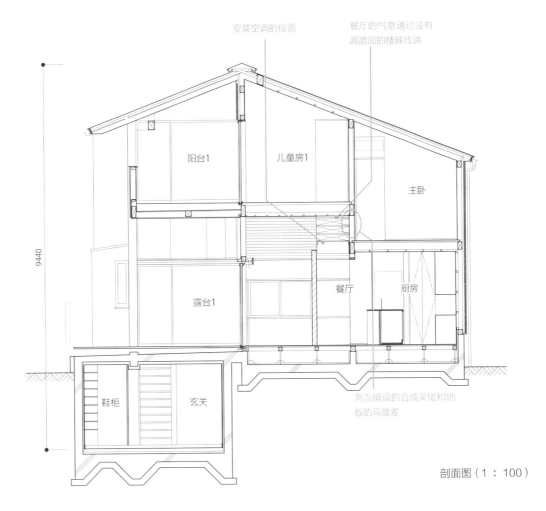

安装空调的位置

餐厅的气息通过没有踢踏面的楼梯传递

阳台1　　儿童房1

主卧

9440

露台1

餐厅　　厨房

鞋柜　　玄关

两面铺设的合成梁缓和地板的高度差

剖面图（1：100）

当建筑用地比道路高出一层的时候，道路斜线就会成为一个不利因素。外部楼梯处也无法实现无阻碍通行。通至地下的玄关处，有需要的话，只能安装家用电梯，且玄关的墙壁高度会拉低平均地基高度，在北侧斜线的制约下，情况会较为不利。

在这个案例中，没有足够的空闲用地，对于楼间距的限制，越是避开，越是没有后退的空间。再设置车库，基本上就没有多少空间留给庭园了。若是使地下车库和住宅一体相连，车库的入口墙壁面就会拉低地面高度，楼间距的限制会让情况较为不利，只能当成独立的一栋加以回避。

所以只能把住宅布局在保证楼间距的位置，然后在这个范围内进行规划。所谓的两层，其实第一层是地下，所以要把起居室、餐厅当成第三层的话，爬楼梯就要爬两层，所以起居室餐厅建在了1层（第二层）。一般楼层高度的两层建筑中，起居室、餐厅的天花板平坦又单调。在楼间距的制约下，层高又不能做高。越是建挑空，建蔽率越难保证。因此，在保证日照的前提下，仅将两个儿童房间地板调高80 cm，起居室的天花板高度也相应调高，给空间带来一些变化。

另外，车库屋顶做绿化，做成庭园。设置朝道路方向开放的约4.5张草席大小（约7.5 m²）的露台，然后通过起居室和餐厅将它呈L形包围起来。儿童房间也一样，布局成L形，两个房间共享一个阳台。由此一来，玄关门廊、露台、儿童房间阳台形成了一个纵向的三层结构，脱离了传统格局，呈现出别样的样态。

（案例名称：善福寺的住宅）

起居室后面是可以轻松躺卧的日式房间

46

A 用屋顶墙壁一体的圆弧将空间包围起来。

Q 如何巧妙利用严格的楼间距限制？

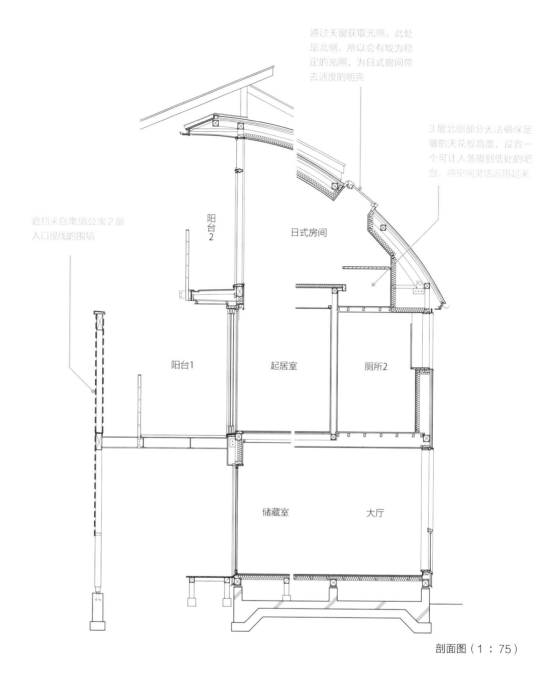

通过天窗获取光照。此处是北侧，所以会有较为稳定的光照，为日式房间带去适度的明亮

3层北侧部分无法确保足够的天花板高度，设置一个可让人落脚到低处的吧台，将空间灵活运用起来

遮挡来自南侧公寓2层入口视线的围墙

阳台2

日式房间

阳台1

起居室

厕所2

储藏室

大厅

剖面图（1：75）

　　若要在有楼间距限制的地区建三层住宅，如果用地北侧没有足够空余，3层北侧就无法建造房屋。屋顶若按一般做法斜向搭建，檐头就会违反法规规定，到时候就必须把整个屋顶高度下调。

　　因此将斜向屋顶做成圆弧状。屋顶沿着北侧屋顶斜线呈陡坡状，然后在确保了3层房间天花板高度的地方开始将坡度调缓，圆弧状的屋顶就形成了。最后将屋顶的这个特性体现在

室内，整个住宅的特性就显现出来了。在起居室的一部分中做挑空，使圆弧状的线条从2层至3层天花板连续呈现出来。

　　此案例中，又将墙壁和天花板的边界模糊化，绘制出一个截面式的大圆弧，构成一体空间。喷涂天然涂料，形成统一风格的装饰。

　　（案例名称：西落合的住宅）

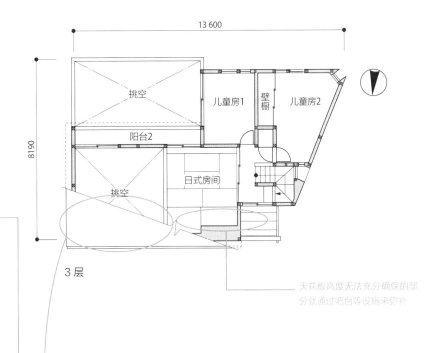

13 600

8190

挑空

儿童房1 壁橱 儿童房2

阳台2

日式房间

挑空

墙壁与圆弧状的天花板无缝对接，成为室内空间的一大特色

3层

天花板高度无法充分确保的部分就通过吧台等设施来弥补

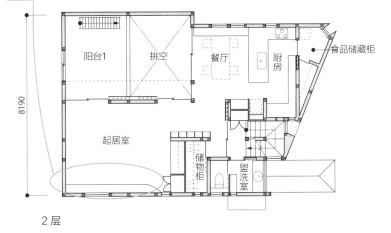

8190

阳台1 挑空 餐厅 厨房 食品储藏柜

起居室 储物柜 盥洗室

2层

自2层至3层的墙壁画出一个弧形直达天花板

墙壁天花板的圆弧延续到3层客房

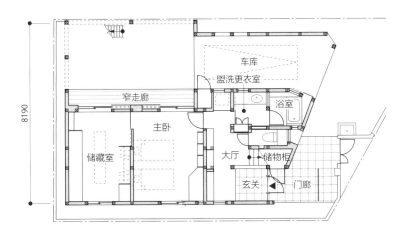

8190

车库

盥洗更衣室

窄走廊 主卧 浴室

储藏室 大厅 储物柜

玄关 门廊

1层

平面图（1：200）

自西侧道路观看。深处的曲面为北侧的屋顶。可看到安装得较为完备的防雪栏

47

A 根据内部空间和比例来搭建屋顶。

Q 如何才能使人字形屋顶不那么单调？

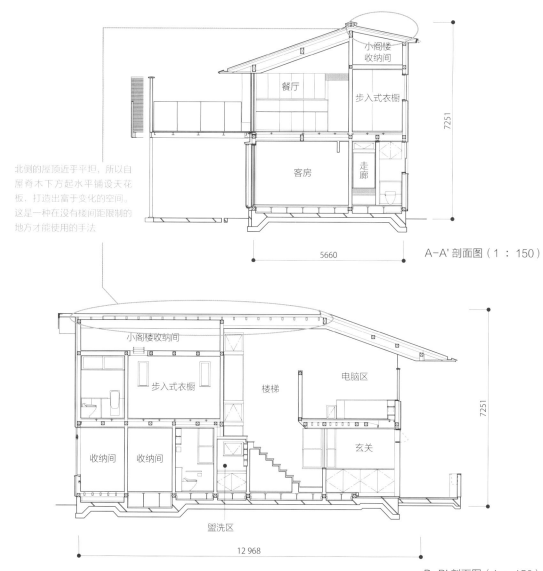

北侧的屋顶近乎平坦，所以自屋脊木下方起水平铺设天花板，打造出富于变化的空间。这是一种在没有楼间距限制的地方才能使用的手法

小阁楼收纳间

餐厅

步入式衣橱

客房

走廊

7251

5660

A-A' 剖面图（1：150）

小阁楼收纳间

步入式衣橱

楼梯

电脑区

收纳间

收纳间

玄关

盥洗区

7251

12 968

B-B' 剖面图（1：150）

因为是单侧角落椽木的天花板，所以可以将天花板的一部分挑高

　　一座两层建筑，屋顶是普通的人字形，有时一设置窗户，建筑的立面就会看上去不成样子。这时候就要做成四坡屋顶，将天花板自开口部的横梁（南）侧起，沿着斜度向上挑高，屋脊也错开 0.9～1.8 m 左右，自屋脊起水平铺展开，将部分天花板高度调高。

　　屋顶自屋脊起至北侧横梁部分，做平入屋顶[1]的处理。檐头在同一水平高度上亦呈 L 形将建筑侧面围绕，形成四坡屋顶的平入处理一般的样态。

（案例名称：南浦和的住宅）

1. 平入屋顶，即房间的出口位于人字形屋顶与屋脊平行的斜面一侧；位于与人字形屋顶垂直一侧的平面上的，叫作妻入屋顶。——译者注

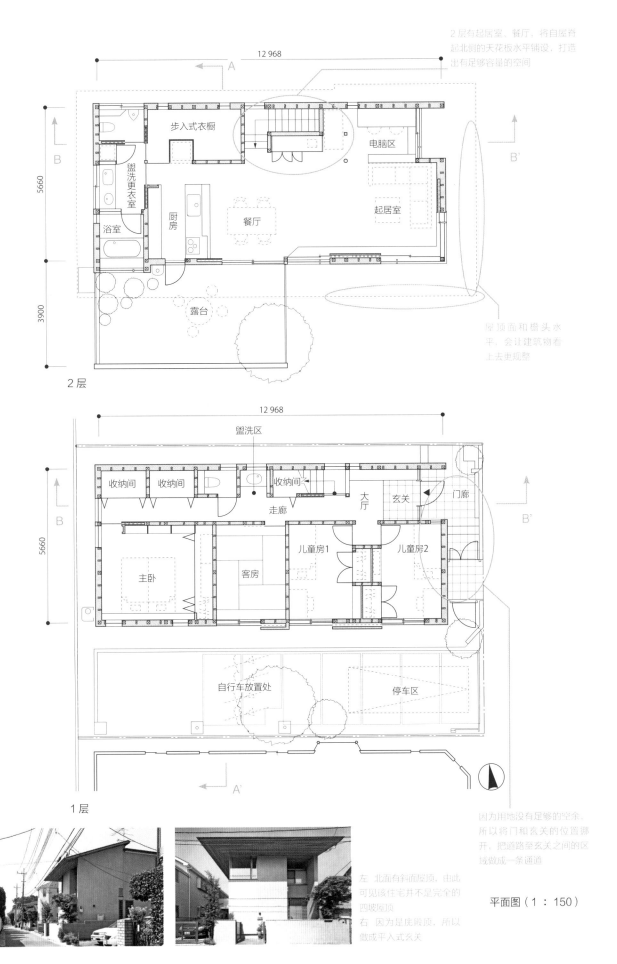

2层有起居室、餐厅，将自屋脊起北侧的天花板水平铺设，打造出有足够容量的空间

12 968

A

步入式衣橱

电脑区

B

5660

盥洗更衣室

厨房

餐厅

起居室

B'

浴室

3900

露台

2层

屋顶面和楣头水平，会让建筑物看上去更规整

12 968

盥洗区

收纳间　收纳间　收纳间

大厅　玄关　门廊

B

5660

走廊

主卧　客房　儿童房1　儿童房2

B'

自行车放置处

停车区

A'

1层

因为用地没有足够的空余，所以将门和玄关的位置那开，把道路至玄关之间的区域做成一条通道

左　北面有斜面屋顶，由此可见该住宅并不是完全的四坡屋顶
右　因为是庑殿顶，所以做成平入式玄关

平面图（1：150）

48

A 做成两个方向的单坡屋顶，巧妙运用格窗。

Q 如何克服只有北侧开口的用地局限？

通过檐椽来分流的屋顶倾斜方向

起居室

日式房间

储藏室

盥洗区

餐厅

冷

厨房

冰箱是一种极具生活感的电器，因此在设计上，尽量保证自起居室看不到它

斜面天花板的高处部分下方就是起居室

阳台

2层

做遮挡，拦截来自东侧邻居晾衣区的视线

宽敞的露台，当天气良好的时候，可在室外用餐饮茶

在1层设置起居室，与邻居的距离稍显不足

儿童房1

儿童房2

大厅

玄关

步入式衣橱

主卧

浴室

盥洗更衣室

停车区

当为南庭做整修护理时，停车区还可用作作业车辆驶入的通道

1层

平面图（1：200）

　　起居室、餐厅设置在1层还是2层，要看冬至时的阳光能不能从南侧邻居家的屋顶照进1层起居室。也就是说，正北方向上，从南侧邻居家的用地边界至自家的1层起居室的距离是否超过7m。不足7m一般多将起居室、餐厅设置在2层。另外，2层视野开阔的情况下，起居室也会设置在2层。如果担心上下楼梯的问题，那么就做长远打算，留出一块设置家用电梯的区域。

　　当北侧的道路不够宽广的时候，若在东南或西南角设置车棚，住宅的正面宽度就会不足，再向南侧挑出，就无法确保7m的距离。若把起居室设置在1层，邻居家和围墙又会带来压迫感。

　　将起居室、餐厅设置在2层，还需要在2层室外设置一个可用餐的露台，露台位于车棚上方。因为南侧邻居家没有二层，所以起居室餐厅设置在2层后，通风、采光将不再受阻，

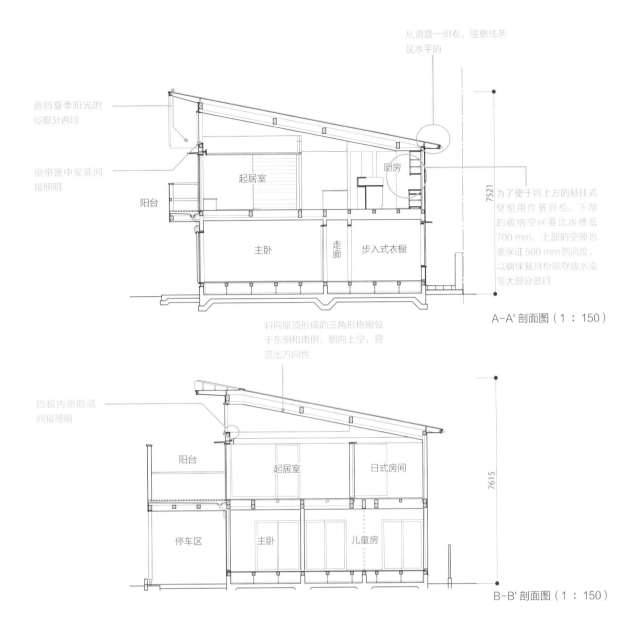

从道路一侧看，屋檐线条是水平的

遮挡夏季阳光的屋檐分两段

窗帘匣中安装间接照明

阳台

起居室

厨房

主卧　走廊　步入式衣橱

7521

为了便于将上方的悬挂式壁柜用作餐具柜，下部的收纳空间要比水槽低700 mm。上部的空隙也要保证500 mm的高度，以确保餐具柜能存放水壶等大部分器具

A-A' 剖面图（1：150）

斜向屋顶形成的三角形格窗位于东侧和南侧，朝向上空，营造出方向性

挡板内侧隐藏间接照明

阳台

起居室　日式房间

7615

停车区　主卧　儿童房

B-B' 剖面图（1：150）

形成一片通透的开放空间。橡木45°垂直相交架起东侧和南侧的单面坡屋顶。

　　按照横梁内侧尺寸做大三角形格窗，朝东侧和南侧的天空开放，为起居室营造出开放感和方向性。沿着横梁设置的窗帘匣安装了间接照明，与斜面天花板的斜度一致，有明显的方向性。

　　（案例名称：天王台的住宅）

上　从日式房间看向起居室、餐厅
下　从厨房看向起居室，窗帘匣装有间接照明，营造空间的方向性和开放感

第4章

打造美丽的
住宅外观

（外表・开口）

立面是与街道的接点。住宅既要有自己的特性，又要与街区和谐相融，这样才能让居住人对它更加喜爱它。同样，开口部也是将住宅内部与街道相连的接点，如果开口太过开放，那么这栋住宅就无法让人安心。开口的方向、大小、数量的平衡至关重要。

49

A 通过重点色彩和形态打造不同的空间感觉。

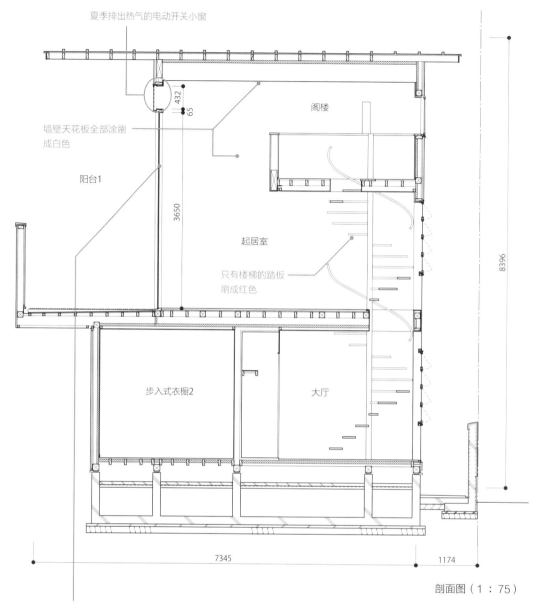

夏季排出热气的电动开关小窗

墙壁天花板全部涂刷成白色

阳台1

432
65
3650

阁楼

起居室

只有楼梯的踏板刷成红色

8396

步入式衣橱2

大厅

7345   1174

剖面图（1：75）

较高的落地玻璃窗

　　空间感觉的打造，因设计师而不同。有的设计师会通过粗梁、铺设石头的墙壁等素材来营造，有的设计师则力求消除原始素材的感觉，追求形状和空间的趣味性，每种打造方法都带有设计师个人的特色。

　　就我自己的案例而言，我是通过少量的白色空间，消除原始素材的感觉，通过形态和一种重点色彩打造空间感觉，如螺旋楼梯的曲线和楼梯踏板的红色，至阁楼天花板的高斜面天花板，高度超过3.5 m的玻璃，起居室的装饰柜墙面的凹凸，突出细致线条的白色小窄板天花板等。

（案例名称：九品佛的住宅）

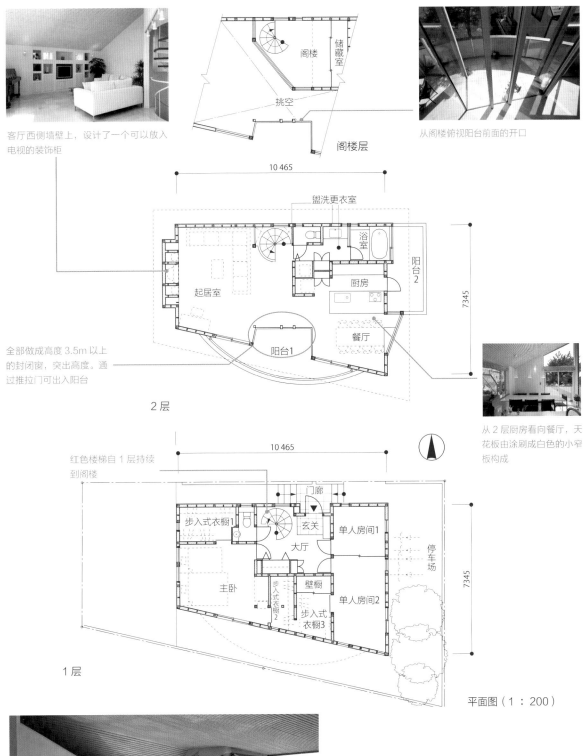

客厅西侧墙壁上，设计了一个可以放入
电视的装饰柜

储藏室

阁楼

挑空

阁楼层

从阁楼俯视阳台前面的开口

10 465

盥洗更衣室

浴室

阳台2

起居室

厨房

7345

全部做成高度 3.5m 以上
的封闭窗，突出高度。通
过推拉门可出入阳台

阳台1

餐厅

2 层

从 2 层厨房看向餐厅，天
花板由涂刷成白色的小窄
板构成

红色楼梯自 1 层持续
到阁楼

10 465

步入式衣橱1

门廊

玄关

单人房间1

停车场

大厅

7345

主卧

步入式衣橱2

壁橱

单人房间2

步入式
衣橱3

1 层

平面图（1：200）

从 2 层起居室看厨房、餐厅
方向。红色的螺旋楼梯直通阁
楼。从 2 层至阁楼是斜面天
花板，挑空部分嵌有一整面落
地窗

50

A 侧重观景窗，淡化南侧布局。

Q 如何同时满足北侧的观景和采光？

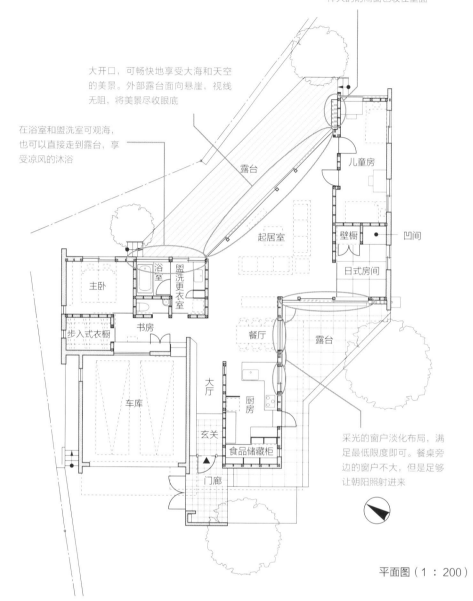

防雨窗要确保万无一失，以防备来自大海的强风暴雨。跟大开口一样大的防雨窗也收在里面

大开口，可畅快地享受大海和天空的美景。外部露台面向悬崖，视线无阻，将美景尽收眼底

在浴室和盥洗室可观海，也可以直接走到露台，享受凉风的沐浴

露台

儿童房

壁橱

凹间

起居室

日式房间

浴室

盥洗更衣室

主卧

步入式衣橱

书房

餐厅

露台

大厅

车库

厨房

玄关

食品储藏柜

门廊

采光的窗户淡化布局，满足最低限度即可。餐桌旁边的窗户不大，但是足够让朝阳照射进来

平面图（1：200）

在起居室观海

采光的窗户，也是绝佳的观景窗——这才是最理想的状况。如果用地北侧可俯瞰美丽的海景，那么就要把观景条件重视起来，在北侧设置一个即可观海又可仰望天空的大窗户，确定房间的朝向。窗户通过内侧材料分成天空和大海上下两部分，做成大型主窗。

采光的窗户，最小限度设置在起居室、日式房间和餐厅。

（案例名称：房总岬的住宅）

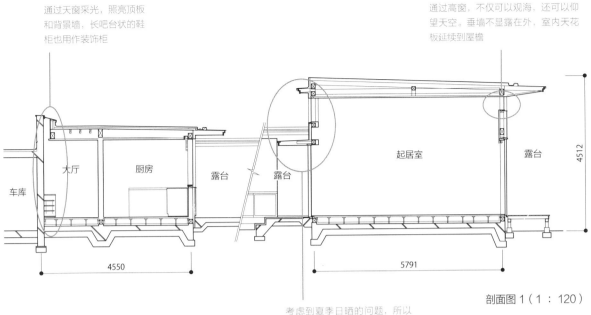

通过天窗采光，照亮顶板和背景墙，长吧台状的鞋柜也用作装饰柜

通过高窗，不仅可以观海，还可以仰望天空。垂墙不显露在外，室内天花板延续到屋檐

车库

大厅

厨房

露台

露台

起居室

露台

4512

4550

5791

剖面图1（1：120）

考虑到夏季日晒的问题，所以格窗的屋檐做得比较小，下部窗户的屋檐则突出很多

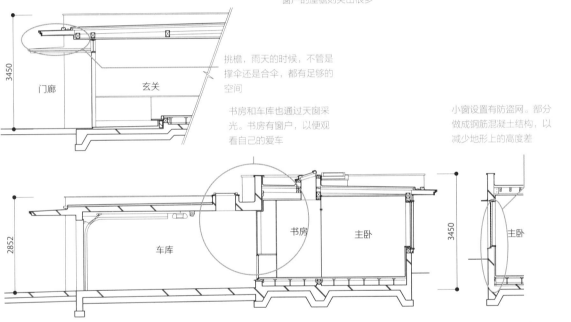

3450

门廊

玄关

挑檐，雨天的时候，不管是撑伞还是合伞，都有足够的空间

书房和车库也通过天窗采光。书房有窗户，以便观看自己的爱车

小窗设置有防盗网。部分做成钢筋混凝土结构，以减少地形上的高度差

2852

车库

书房

主卧

3450

主卧

剖面图2（1：120）

通向建筑物的通道。设计上，南侧露台不易被看到

从起居室看餐厅和南侧露台

51

A 通过高窗采光为空间确定方向性。

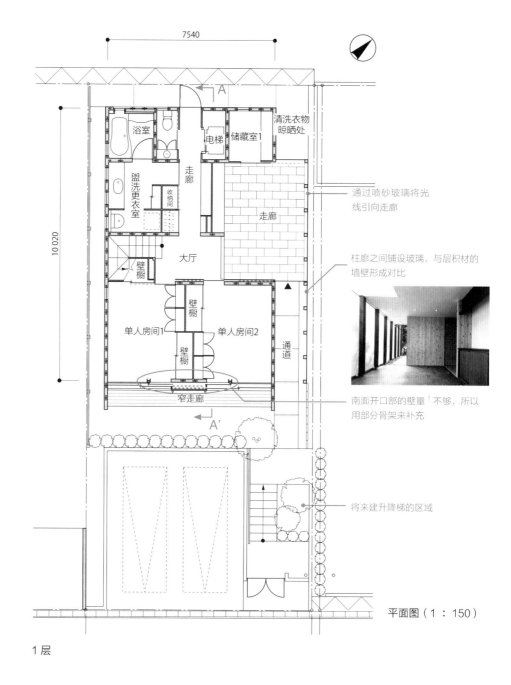

平面图（1：150）

1层

两家如果挨得很近，就算设置普通高度的窗户，彼此也难免互相观望，那么窗户就只能给房间透透光，而无法打开。解决这个问题可以设置高侧窗，从上方采光，下部是面积较大的墙壁，使空间更加沉稳安宁。

设置为仅朝南侧道路大面积开放的窗户，使单坡的屋顶浮起一般，空间具备了方向性，产生相应的秩序。高侧窗下端装有间接照明，间接照明照亮白色天花板，保证了室内的明亮，从外部也可以看出天花板浮在空中的结构特征。覆盖着南侧玄关走廊的玻璃墙以及来自屋顶的光照，与间接照明的光照相得益彰，独具特色。

（案例名称：飘浮屋顶的住宅）

1. 壁量，在建筑中指构造计算中使用的承重墙的量。计算方法：壁量 = 该层的总面积 ÷ 一个方向的承重墙的长度总计。——译者注

做成单坡的屋顶，赋予空间方向性

墙壁上端安装照明，照亮内外天花板。屋檐天花板会让边缘看上去很单薄，所以可以从室内天花板起，做出倾斜效果

通过 H 型钢形成自 1 层地基至 2 层天花板的钢架

若格窗部分竖直在墙柱之上，屋顶的刚性就无法传递到墙壁，于是便将通至屋顶的整块层积材部分取下，把它定为立柱的粗细。最顶部的缝隙中插入钢板，用螺栓固定，120 mm×450 mm 粗的墙柱就是通过这种结构来固定的

西面只有通风用的小窗户。明亮通过高侧窗来保障

屋顶也是喷砂玻璃

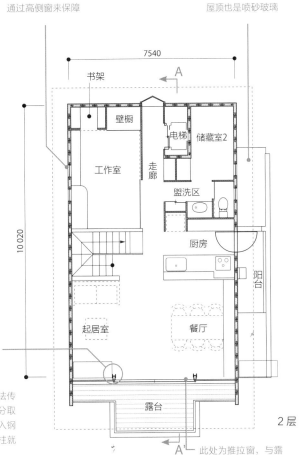

7540

书架

壁橱

电梯

储藏室2

工作室

走廊

盥洗区

10 020

厨房

阳台

起居室

餐厅

露台

2 层

A

A'

此处为推拉窗，与露台连为一体

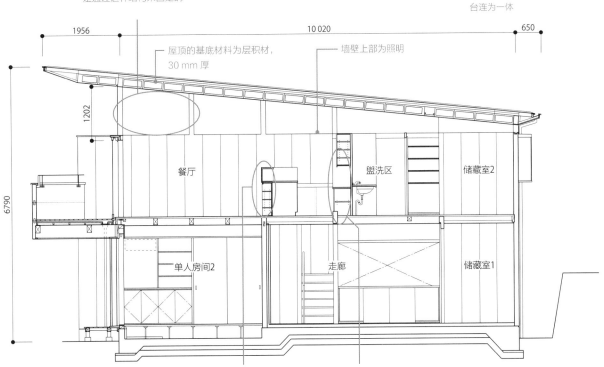

1956　　　　10 020　　　　650

屋顶的基底材料为层积材，30 mm 厚

墙壁上部为照明

1202

6790

餐厅

盥洗区

储藏室2

单人房间2

走廊

储藏室1

水槽在同一个平面、人工大理石桌面供厨房使用，下部是餐厅的餐具柜。水槽和桌面板为成品，所以只需在餐厅一侧进行施工

厨房的吧台与餐桌等高，700 mm，由此一来便可以把悬挂式壁橱的位置向下拉，增加低处位置的收纳量

A-A' 剖面图（1：100）

第四章

打造美丽的住宅外观（外表·开口）

52

A 开口部的内外天花板采用相同的材质，使之相连，将开门部打造为画框。

Q 如何让观景的优势更加突出？

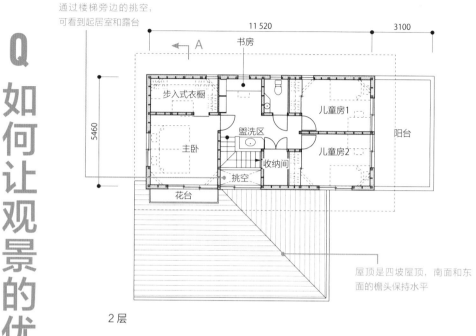

通过楼梯旁边的挑空，可看到起居室和露台

书房

步入式衣橱

主卧

盥洗区

儿童房1

儿童房2

收纳间

阳台

挑空

花台

11 520

3100

5460

屋顶是四坡屋顶，南面和东面的檐头保持水平

2层

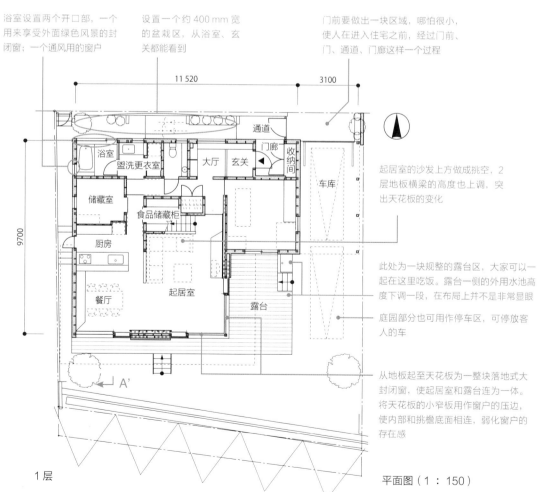

浴室设置两个开口部，一个用来享受外面绿色风景的封闭窗；一个通风用的窗户

设置一个约400 mm宽的盆栽区，从浴室、玄关都能看到

门前要做出一块区域，哪怕很小，使人在进入住宅之前，经过门前、门、通道、门廊这样一个过程

浴室

盥洗更衣室

大厅

玄关

通道

门廊

收纳间

储藏室

食品储藏柜

车库

厨房

起居室

餐厅

露台

11 520

3100

9700

起居室的沙发上方做成挑空，2层地板横梁的高度也上调，突出天花板的变化

此处为一块规整的露台区，大家可以一起在这里吃饭。露台一侧的外用水池高度下调一段，在布局上并不是非常显眼

庭园部分也可用作停车区，可停放客人的车

从地板起至天花板为一整块落地式大封闭窗，使起居室和露台连为一体。将天花板的小窄板用作窗户的压边，使内部和挑檐底面相连，弱化窗户的存在感

1层

平面图（1：150）

单坡低房的设置给 1 层起居室空间带来一些变化，2 层的窗户变成高窗，做成花台

从餐桌可看到的窗户，设置成无横档或窗框的封闭窗（很大，但是不至于拉高成本），而通风靠下部的推拉窗

花台

主卧

步入式衣橱

露台

餐厅

厨房

储藏室

浴室

6257

9700

餐厅的装饰柜兼作收纳间，其上端为了与餐桌保持一致，高度比地板高约 30 mm，成为设置在地板下的空调暖风出口

A-A' 剖面图（1：100）

天花板的小窄板成了封闭窗边框，封闭窗得以固定

自外部看到的角窗。通过墙壁一侧的推拉门可进入露台

　　要想让室内更加开阔，就让房檐多多向外挑出——这是日本自古以来的手法。图示案例就是这种老手法的现代版的一例。

　　开口部做成固定角窗，前方若是与地板相同高度的露台，空间就会更加具备开放性、开阔感。此时，再让固定式角窗上端与屋檐天花板水平相连，做坡顶屋，使空间无论从内还是外，看上去都比较规整。要想做出内外的整体感，必须要消除窗户玻璃的存在感。因此就要让角落的柱子尽可能看上去像是独立矗立一般，固定玻璃的边缘以及推拉门的门框横木用跟天花板一样的材料来做，以消除存在感，将天花板和屋檐天花板连为一体，将通过玻璃看到的景色看作一幅画，而窗户，就把它当成画框一般去设计，只把供出入的推拉门的门框展现出来即可。

　　　　　　　　　　　　　（案例名称：横滨市的住宅）

117

53

A 木制幕墙起到连接和隔断的双重作用。

Q 如何将宽广的庭园田地和室内连接起来？

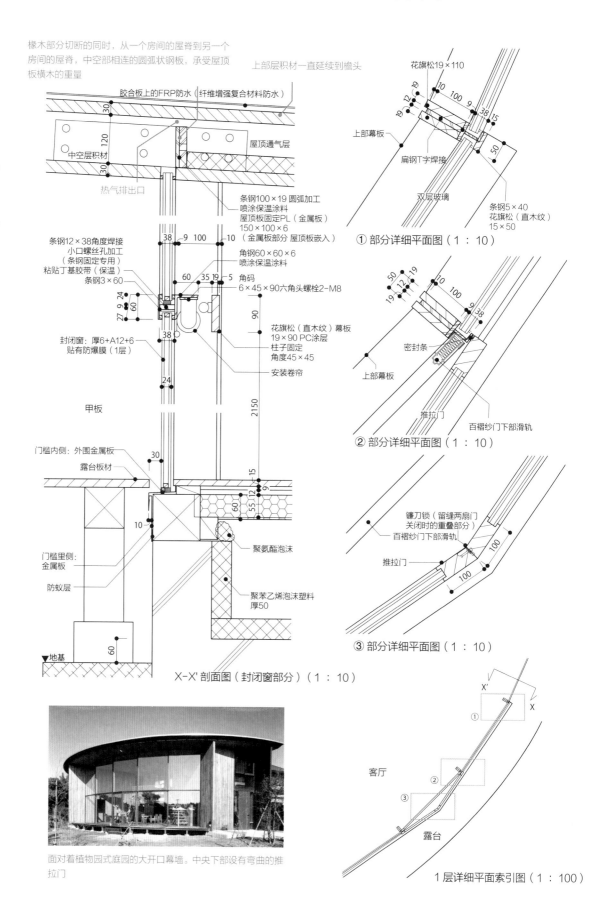

椽木部分切断的同时，从一个房间的屋脊到另一个房间的屋脊，中空部相连的圆弧状钢板，承受屋顶板横木的重量

上部层积材一直延续到檐头

胶合板上的FRP防水（纤维增强复合材料防水）

屋顶通气层

中空层积材

热气排出口

条钢100×19 圆弧加工
喷涂保温涂料
屋顶板固定PL（金属板）
150×100×6
（金属板部分）屋顶板嵌入

条钢12×38角度焊接
小口螺丝孔加工
（条钢固定专用）
粘贴丁基胶带（保温）
条钢3×60

角钢60×60×6
喷涂保温涂料

角码
6×45×90六角头螺栓2-M8

花旗松（直木纹）幕板
19×90 PC涂层
柱子固定
角度45×45

安装卷帘

封闭窗：厚6+A12+6
贴有防爆膜（1层）

甲板

门槛内侧：外围金属板

露台板材

门槛里侧：
金属板

防蚁层

聚氨酯泡沫

聚苯乙烯泡沫塑料
厚50

▼地基

X-X' 剖面图（封闭窗部分）（1：10）

花旗松19×110

上部幕板

扁钢T字焊接

双层玻璃

条钢5×40
花旗松（直木纹）
15×50

① 部分详细平面图（1：10）

密封条

上部幕板

推拉门

百褶纱门下部滑轨

② 部分详细平面图（1：10）

镰刀锁（留缝两扇门
关闭时的重叠部分）

百褶纱门下部滑轨

推拉门

③ 部分详细平面图（1：10）

X'
X

①

客厅

②

③

露台

1层详细平面索引图（1：100）

面对着植物园式庭园的大开口幕墙。中央下部设有弯曲的推拉门

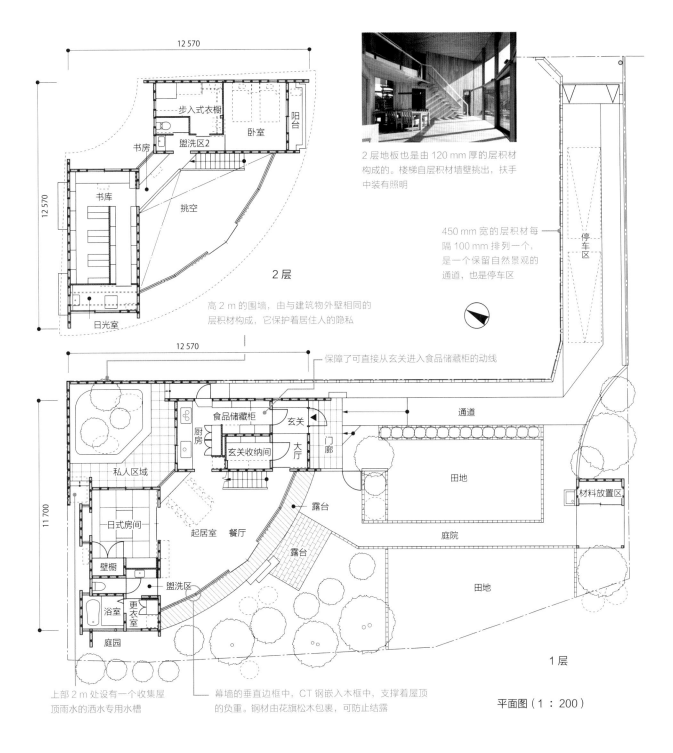

12 570

12 570

步入式衣橱

卧室

阳台

书房

盥洗区2

书库

挑空

日光室

2 层

2 层地板也是由 120 mm 厚的层积材构成的。楼梯自层积材墙壁挑出，扶手中装有照明

450 mm 宽的层积材每隔 100 mm 排列一个，是一个保留自然景观的通道，也是停车区

高 2 m 的围墙，由与建筑物外壁相同的层积材构成，它保护着居住人的隐私

停车区

12 570

11 700

保障了可直接从玄关进入食品储藏柜的动线

食品储藏柜

玄关

通道

厨房

玄关收纳间

大厅

门廊

田地

私人区域

材料放置区

日式房间

起居室

餐厅

露台

壁橱

盥洗区

露台

庭院

浴室

更衣室

田地

庭园

1 层

上部 2 m 处设有一个收集屋顶雨水的洒水专用水槽

幕墙的垂直边框中，CT 钢嵌入木框中，支撑着屋顶的负重。钢材由花旗松木包裹，可防止结露

平面图（1：200）

这栋住宅的庭园大部分是植物园一般的田地。培育植物占了居住人绝大部分的生活，因此，如何将住宅和田地连接起来，就成为了一个重要的课题，此处将面向田地的室内空间做成了大挑空。挑空可以放置比较高的植物。开口部也做成大开口的幕墙，形成一栋与植物园一体相连的住宅。

幕墙的垂直边框中，嵌入能承担屋顶垂直负重的钢板，外面覆盖防止结露的木制薄板。屋顶由橡木叠加中空层积材板构成，板状的负重，由嵌入其中的钢板和边框承担。钢板从一个房间的屋脊，呈 1/4 圆弧状贯通至另一个房间的屋脊。屋顶的坚固性，则由呈 L 形配置的 2 个单人房间的屋脊保障。

（案例名称：扇居）

54

A 通过角窗使斜面天花板和挑檐底面相连。

Q 如何让33 ㎡左右的起居室、餐厅看起来更宽敞?

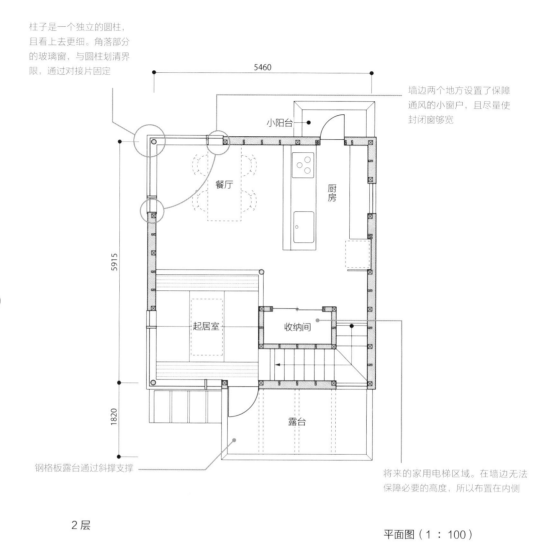

柱子是一个独立的圆柱,且看上去更细。角落部分的玻璃窗,与圆柱划清界限,通过对接片固定

墙边两个地方设置了保障通风的小窗户,且尽量使封闭窗够宽

小阳台

餐厅

厨房

5460

5915

起居室

收纳间

1820

露台

钢格板露台通过斜撑支撑

将来的家用电梯区域。在墙边无法保障必要的高度,所以布置在内侧

2层

平面图(1∶100)

这栋住宅一共两层,因为建蔽率的关系,1层、2层面积各30多平方米。其中,两楼梯处布置了壁橱,以供将来设置家用电梯。

楼梯,再加上壁橱,起居室、餐厅若是只有33 ㎡,就略显狭窄了。为营造宽阔感,在2层的南面东西两角,设置封闭角窗,中央的墙壁承重。与其将角落做成墙壁,然后在东侧和南侧每隔1.8 m设置一个窗户,不如就直接将角落做成窗户,空间会显得更加宽广。

但是,为了让空间容量看起来更大,室内要做成斜面天花板,向下的天花板线条,必须顺势与突出1 m多的屋檐水平天花板相连,使其看上去像是它的延续一般,否则效果就会减弱。

(案例名称:八王子市西侧的住宅)

隔着吧台可以看到角窗

东南方向外观。南面的两个角落是窗户。车棚上方，露台由斜撑支撑架起

做起居室的日式房间。两侧是角窗，开放性强

5960

5915

主卧

浴室

盥洗更衣室

步入式衣橱

走廊

收纳间

玄关

大厅

门廊

将洗面台部分做成飘窗，以避开建蔽率的限制

玄关做成推拉门，可有效利用停车空间

1层

盥洗更衣室兼做收纳间和清洗区，因此，洗面台只能建在未计算在建筑面积内的飘窗上

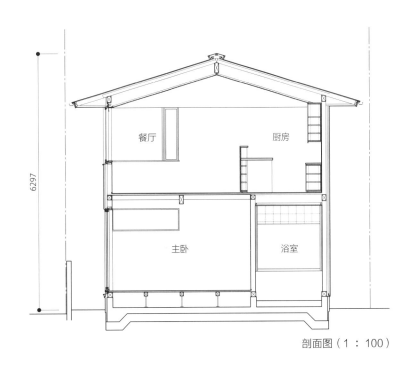

6297

餐厅

厨房

主卧

浴室

剖面图（1：100）

55

A 将庑殿顶的瓦片屋顶做成越屋顶¹风格。

Q 如何自然地给位于旧街区的住宅配置天窗？

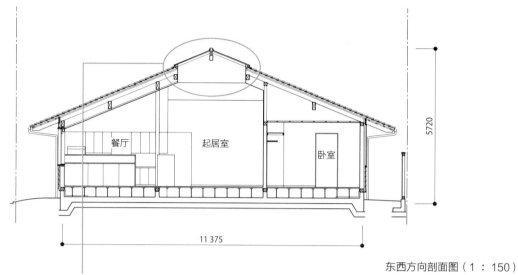

餐厅　　起居室　　卧室

5720

11 375

东西方向剖面图（1：150）

周边都是旧街区，所以做成瓦片
屋顶以融入其中，同时，让顶上
的一部分突起，配置天窗

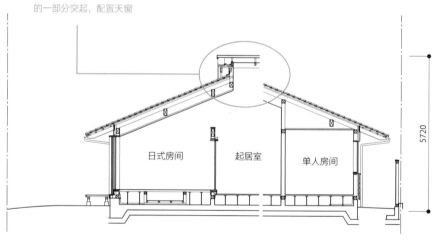

日式房间　　起居室　　单人房间

5720

南北方向剖面图（1：150）

玄关一侧（东侧）的外观

街道上都是瓦片屋顶，所以不能做镀铝锌屋顶，破坏了街道的整体风格。但是，就平房来讲，若要确保必要面积，就会有采光不太理想的房屋。

因此，外观上保持传统风格的同时，将中央屋顶顶部做成越屋顶¹风格，架起一片突起的玻璃屋顶。

同时，让玻璃屋顶不那么显眼，并将来自天窗的光照引入进来，使中央部位的起居室也能成为一个足够明亮的空间。

（案例名称：东秩父家村的住宅）

1.越屋顶，一种屋顶的样式，这种屋顶顶上，有一个有单独屋脊的小屋顶，¹可用来采光，排气。——译者注

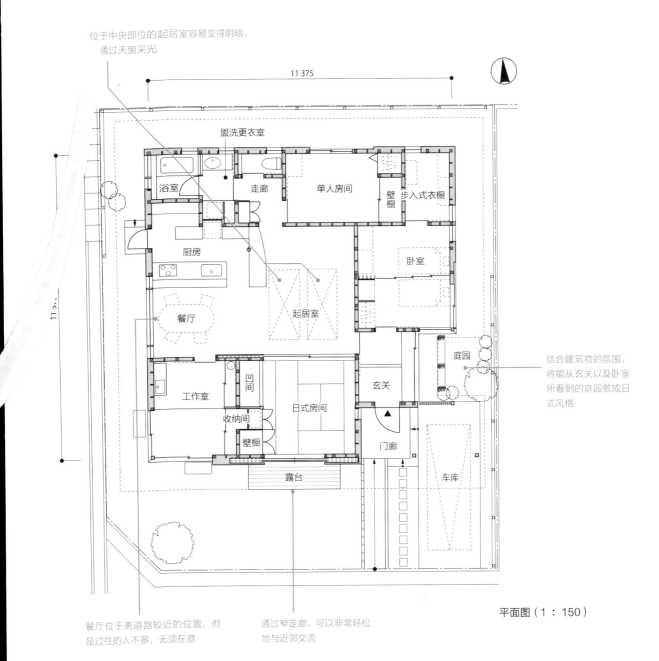

位于中央部位的起居室容易变得阴暗，通过天窗采光

11 375

盥洗更衣室

浴室

走廊

单人房间

壁橱

步入式衣橱

厨房

卧室

餐厅

起居室

庭园

玄关

工作室

凹间

日式房间

收纳间

壁橱

门廊

露台

车库

结合建筑物的氛围，将能从玄关以及卧室所看到的庭园做成日式风格

平面图（1：150）

餐厅位于离道路较近的位置，但是过往的人不多，无须在意

通过窄走廊，可以非常轻松地与近邻交流

光照从天窗落下，起居室变得明亮。厨房上方是嵌入钢格板中的照明，照亮上下空间

西侧外观。屋脊上有玻璃屋顶

56

A 穿透墙壁，做成固定圆窗。

Q 如何利用窗户突出空间的特点？

餐厅的特色窗户。墙体内装有百褶帘。餐桌上方的吊灯的表层涂有油漆

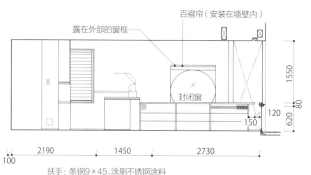

百褶帘（安装在墙壁内）

露在外部的窗框

封闭窗

1550
80
620
120
150

餐厅东侧展开图（1：100）

2190　1450　2730
100

扶手：条钢9×45,涂刷不锈钢涂料

正面冠木厚15

开放区

2245　1465
700　80
900
825
封闭窗
935
120
450
700

2000　3640

管道φ15 涂刷不锈钢涂料

收纳 内部材料为日本特制
架子板 同上厚21 粘贴小口胶带 暗榫厚30
吧台:水曲柳木层积材厚30PC涂层
门·封闭窗部分水曲柳木直木纹胶合板 横向铺设

餐厅北侧展开图（1：100）

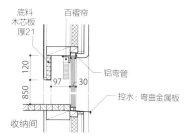

底料
木芯板
厚21
百褶帘

铝弯管

控水：弯曲金属板

收纳间

120
850
97　30

圆窗周边细部图（1：100）

　　滥用奇特的形状，常常会拉低住宅的品位。但是，奇特形状若是用在刀刃上，也是可以收到意想不到的效果的。

　　案例中的住宅的窗户位于东侧。从这里，可隔着道路看到邻居家的樱花，所以不管是从景观上来讲，还是从采光上来讲，这个位置都是需要窗户的。但是要想开大窗户，却又离道路太近，因此，便特意做成了与餐桌同宽的圆窗，也是为了让餐桌更具有特色。圆窗没有边缘，自内部看来，像是墙壁被挖空了一样，墙壁内装有百褶帘。

　　外部一侧则做成普通的四边形窗，能看到的内部的圆边墙，做成黑色涂装，将玻璃镜面化处理，让整个样态自然不突兀。照明选择吊式器具，以突出其方向性。

　　　　　　　　　　　　　　（案例名称：深泽的住宅）

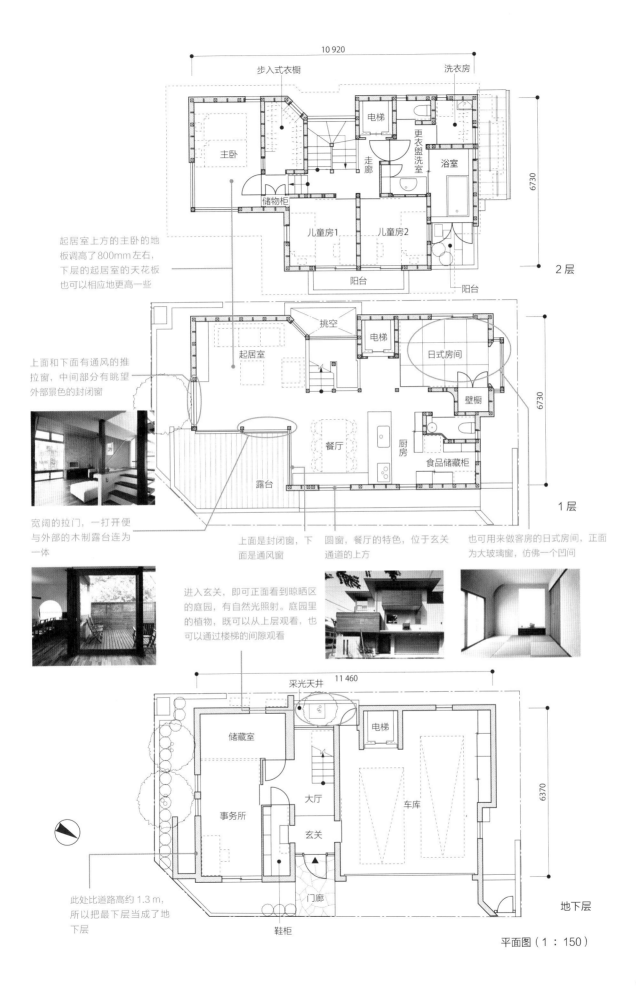

10 920

步入式衣橱

洗衣房

电梯

更衣盥洗室

浴室

主卧

走廊

储物柜

儿童房1

儿童房2

6730

阳台

阳台

2层

起居室上方的主卧的地板调高了800mm左右，下层的起居室的天花板也可以相应地更高一些

上面和下面有通风的推拉窗，中间部分有眺望外部景色的封闭窗

挑空

电梯

起居室

日式房间

壁橱

餐厅

厨房

食品储藏柜

露台

6730

1层

宽阔的拉门，一打开便与外部的木制露台连为一体

上面是封闭窗，下面是通风窗

圆窗，餐厅的特色，位于玄关通道的上方

也可用来做客房的日式房间，正面为大玻璃窗，仿佛一个凹间

进入玄关，即可正面看到晾晒区的庭园，有自然光照射。庭园里的植物，既可以从上层观看，也可以通过楼梯的间隙观看

11 460

采光天井

储藏室

电梯

大厅

事务所

车库

玄关

6370

门廊

鞋柜

此处比道路高约1.3 m，所以把最下层当成了地下层

地下层

平面图（1：150）

57

A 通过杂木林通道，建造有自然气息的住宅。

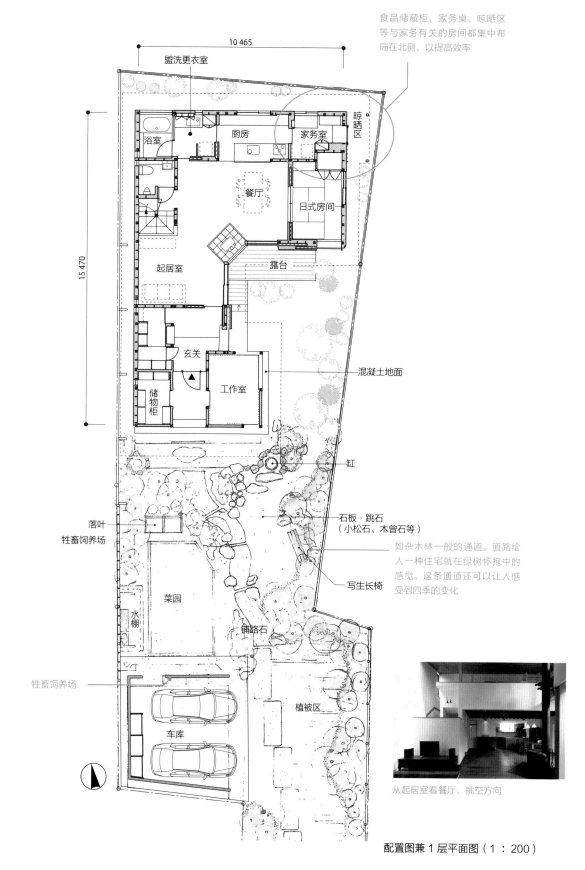

食品储藏柜、家务桌、晾晒区等与家务有关的房间都集中布局在北侧，以提高效率

10 465

盥洗更衣室

浴室

厨房

家务室

晾晒区

餐厅

日式房间

起居室

露台

玄关

混凝土地面

储物柜

工作室

缸

石板·跳石（小松石、木曾石等）

落叶
牲畜饲养场

如杂木林一般的通道。道路给人一种住宅就在绿树怀抱中的感觉。这条通道还可以让人感受到四季的变化

写生长椅

菜园

水棚

铺路石

牲畜饲养场

植被区

车库

从起居室看餐厅，挑空方向

配置图兼 1 层平面图（1 : 200）

从餐厅前的露台看工作室。身处餐厅也能感受到工作室的气息

薪柴炉还可用来做料理。为使后面的腰墙散热，所以做成双重墙壁。当炉子不烧的时候，背面的日本纸百褶门可以放下来

从东侧看工作室、玄关、起居室、炉子后面的窗户。工作室的窗户为推拉式，打开之后，工作室就与中庭连成一体

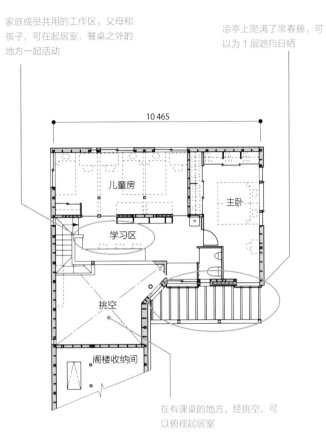

家庭成员共用的工作区。父母和孩子，可在起居室、餐桌之外的地方一起活动

凉亭上爬满了常春藤，可以为1层遮挡日晒

10 465

儿童房

主卧

学习区

挑空

阁楼收纳间

在有课桌的地方，经挑空，可以俯视起居室

2层

在南北狭长的用地上，必须把住宅布局在靠北的位置，否则留在北侧的土地就无法得到有效利用，住宅也就不得不建得非常狭长，同时，南侧开口也无法取得足够的宽度。

在南侧，与玄关相连的各房间沿东西向狭长且低矮地建造，做成大屋顶的住宅。建筑物东侧约中央位置上，布局一个"コ"形的庭园，以确保阳光的射入，起居室、有薪柴炉的餐厅的采光均来自于此。

住宅南侧剩下的用地上，则布局一些居住以外的附属功能空间，如车库、家庭菜园、炉灶所用的薪柴放置处等，经过这些空间的区域，做成一条通往玄关的长长通道。即便隔开这样一段距离，也依然可以从厨房，经餐厅、庭园、长通道看到有对讲机的门附近的状况。

这条通道需要让它承担起车路的功能，因此，地面上铺设的是天然粗粒花岗岩，石头之间种植草坪，由此一来便形成一片绿色的石头地面。不妨碍汽车入库的前提下，再种植一些树木，将东西的用地边界隐藏起来，消除狭长感，打造出一条有纵深的，自然味道浓郁的杂木林风格的通道。

（案例名称：饭能的住宅）

58

A 通过高度差和动线让序列产生变化。

Q 如何做出一条虽小但富于变化的通道？

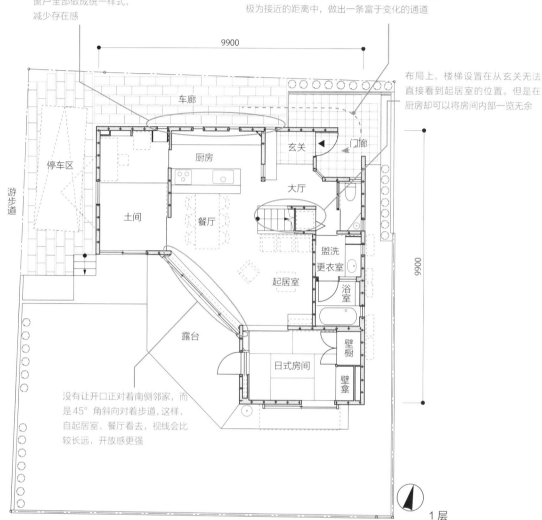

窗户全部做成统一样式，减少存在感

客用停车区、建筑物设置在远离道路的位置，在停车区、踏步、门廊，以及转身后的玄关门，与道路极为接近的距离中，做出一条富于变化的通道

9900

布局上，楼梯设置在从玄关无法直接看到起居室的位置。但是在厨房却可以将房间内部一览无余

车廊

停车区

游步道

厨房

玄关

门廊

土间

大厅

餐厅

盥洗更衣室

起居室

浴室

露台

壁橱

日式房间

壁龛

没有让开口正对着南侧邻家，而是45°角斜向对着步道，这样，自起居室、餐厅看去，视线会比较长远，开放感更强

9900

1层

平面图（1：150）

从停车区上楼梯，在门廊一回头就能看到玄关门

在建筑用地与北侧道路相接的情况下，设计上一般会尽量把庭园做大，让建筑物向北侧靠拢，但这样一来，道路就会与玄关靠得太近，从而无法取得足够的通道空间。

这栋住宅建在离边界约2m远的位置上，留出檐头和客用停车区的空间，再通过外部楼梯，将住宅上调高度，并设置挑空的门廊空间，做出通往玄关门的通道。

（案例名称：印西市的住宅）

起居室和餐厅夜景

面向露台的起居室开口部，与邻居北墙成45°角，面向散步道

玄关门前的外部挑空空间承担着走廊、盥洗室、楼梯、1层厕所的采光、通风的功能

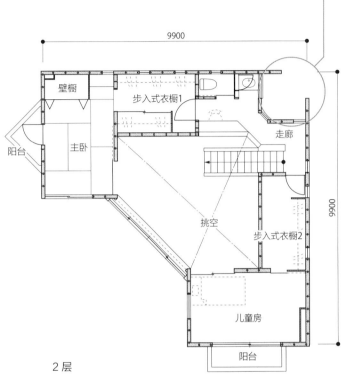

2 层

楼梯位于餐厅一侧。扶手墙中部可以看到一个小拉窗，其中有一个突起，它包着墙壁内的照明

统一的窗户，以消除存在感

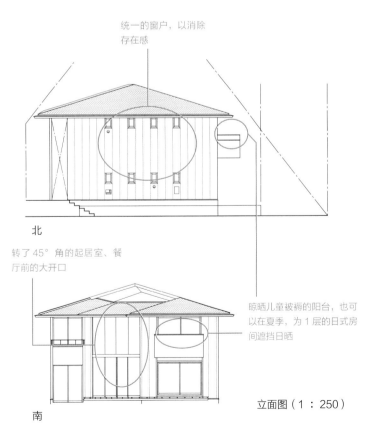

北

转了45°角的起居室、餐厅前的大开口

晾晒儿童被褥的阳台，也可以在夏季，为1层的日式房间遮挡日晒

南

立面图（1：250）

59

A 用狭长开口和悬浮屋顶丰富立面造型。

Q 如何整合4层钢筋混凝土构造住宅的立面？

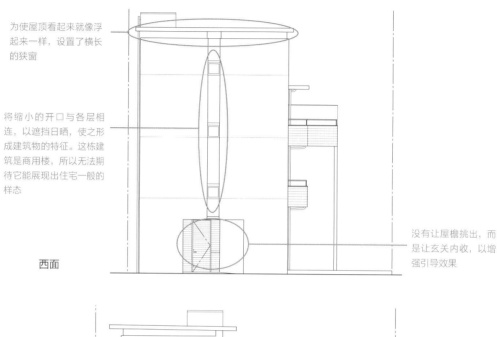

为使屋顶看起来就像浮起来一样，设置了横长的狭窗

将缩小的开口与各层相连，以遮挡日晒，使之形成建筑物的特征。这栋建筑是商用楼，所以无法期待它能展现出住宅一般的样态

没有让屋檐挑出，而是让玄关内收，以增强引导效果

西面

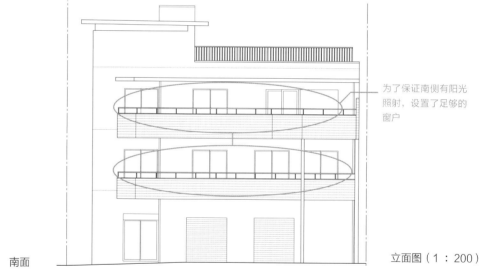

为了保证南侧有阳光照射，设置了足够的窗户

南面

立面图（1：200）

右侧为西侧正面外观，左侧为西侧夜景。可以看到悬浮的屋顶

西侧墙面不设置大开口，避免西晒。通风窗设置在与各层入口相同的高度上，做成墙面的点缀。此外，将阁楼层的屋顶板浮起于墙壁之上，做成悬浮屋顶，挑高开口部的线条，竖直方向与水平方向相连，再设置墙边间接照明，将住宅的特点突显出来。

（案例名称：今户的住宅）

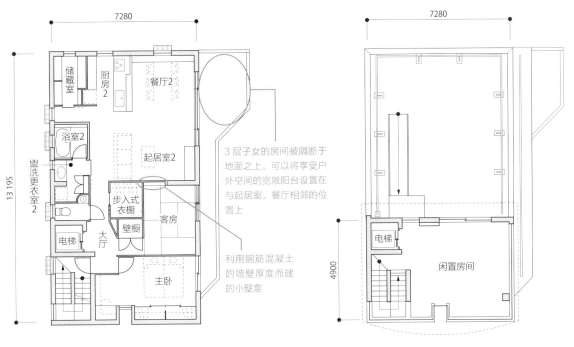

7280

13 195

储藏室

厨房2

餐厅2

起居室2

浴室2

盥洗更衣室2

步入式衣橱

客房

壁橱

电梯

大厅

主卧

3 层子女的房间被隔断于地面之上，可以将享受户外空间的宽敞阳台设置在与起居室、餐厅相邻的位置上

利用钢筋混凝土的墙壁厚度而建的小壁龛

3 层

7280

4900

电梯

闲置房间

4 层

1 层和 2 层事务室为业务专用空间

13 195

仓库

电梯

大厅

玄关

储物柜

门廊

接待室

停车场

1 层

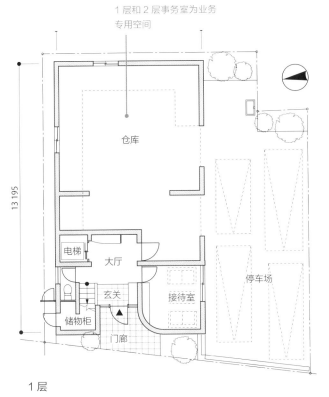

13 195

餐厅1

起居室1

厨房

盥洗更衣室1

浴室1

走廊

事务室

壁橱

电梯

大厅

父亲的卧室

母亲的卧室

2 层

西面开口部是立面的特点，它设置在宽 600 mm 左右的内侧，使墙壁的容量更大。同时，纵深减少了厕所窗户的存在感

平面图（1：200）

左 很多混凝土住宅设置木质起居室

右 日式房间中有一个简易的壁龛。在考量好平衡和位置的前提下，在榻榻米地板的房间的墙边，用竹子吊起一个宽约 10 cm 的搁板，做出一个小型壁龛

60

A 用弯曲的屋顶柔化建筑样态。

Q 在风格相似的住宅区，如何自然地显示出个性？

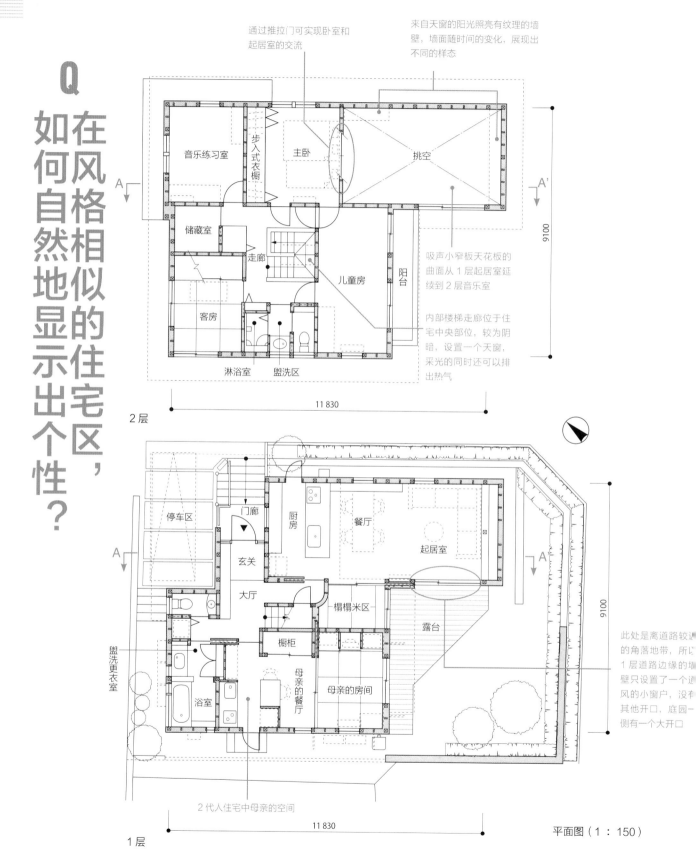

通过推拉门可实现卧室和起居室的交流

来自天窗的阳光照亮有纹理的墙壁，墙面随时间的变化，展现出不同的样态

音乐练习室

步入式衣橱

主卧

挑空

储藏室

走廊

儿童房

阳台

客房

淋浴室　盥洗区

吸声小窄板天花板的曲面从 1 层起居室延续到 2 层音乐室

内部楼梯走廊位于住宅中央部位，较为阴暗，设置一个天窗，采光的同时还可以排出热气

9100

11 830

2 层

停车区

门廊

厨房

餐厅

起居室

玄关

大厅

榻榻米区

露台

橱柜

母亲的餐厅

母亲的房间

浴室

盥洗更衣室

9100

此处是离道路较近的角落地带，所以1 层道路边缘的墙壁只设置了一个通风的小窗户，没有其他开口，庭园一侧有一个大开口

2 代人住宅中母亲的空间

11 830

1 层

平面图（1：150）

曲面的斜向天花板。离道路较近的东南侧的墙壁不设置窗户，光照自天窗落下

为突出柔和曲面屋顶的特征，只设置仿佛把墙面打穿的小窗户

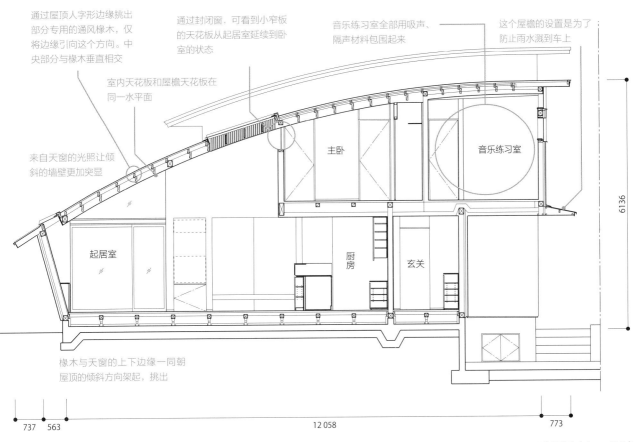

通过屋顶人字形边缘挑出部分专用的通风椽木，仅将边缘引向这个方向。中央部分与椽木垂直相交

室内天花板和屋檐天花板在同一水平面

通过封闭窗，可看到小窄板的天花板从起居室延续到卧室的状态

音乐练习室全部用吸声、隔声材料包围起来

这个屋檐的设置是为了防止雨水溅到车上

来自天窗的光照让倾斜的墙壁更加突显

主卧

音乐练习室

起居室

厨房

玄关

椽木与天窗的上下边缘一同朝屋顶的倾斜方向架起，挑出

737　563

12 058

773

6136

A-A' 剖面图（1：100）

　　若想使内外形态上柔和，就选择曲面的屋顶，天花板也做成与屋顶同样的曲面，并使两者相连，则倾斜方向上就不能搭椽木。椽木要水平架起，看似与倾斜面垂直一般，每根椽木的高度需调整，使椽木的边缘变成曲线。

　　如果是沿着屋顶轨迹的较大的弯曲程度，那么厚18 mm 的杉木望板就可以顺畅实现弯曲。椽木下方，与

天花板保持同样的质地，屋顶和天花板即可形成曲面。天花板内侧留出与椽木高度同等的空间，从而使建筑物外观与内侧保持一致，建造出弯曲的天花板和屋顶。

（案例名称：春日野的住宅）

61

A 突出纵向和横向的线条。

Q 如何打造出两层住宅的特征？

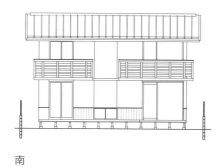

南

南面开口部比较多，1层、2层的开口部位置保持统一，以突出纵向线条。将阳台扶手的木质结构做成一种点缀

东

东侧为对称结构

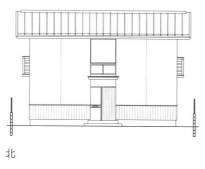

北

北面开口是道路入口一侧，只有玄关旁边和上方，以突出灰泥墙的白色。腰墙上铺设有烧杉木板，以防止被溅起的雨水弄脏

西

西面有邻居，所以立面设计上优先附属功能

立面图（1：250）

在住宅设计中，常常会有因为建蔽率、施工费等因素而做成两层建筑的情况，但若在忽视了必要布局的前提下，将它体现在立面上，最后建造出的住宅极易平淡无味。要想避免这个问题，可在外墙涂刷灰泥，通过烧杉木腰墙线条和屋檐线做出层次感，做成突出双重水平线的墙面。在此基础上，仿佛把内部空间南北向切割一般，在中央位置设置一个宽2.2 m左右的挑空，在此布局玄关土间、餐厅以及上方的挑空、通过格子墙隔断的楼梯走廊以及电脑区等，接下来依然以这个宽度为标准，在北侧和南侧，自屋檐起，设置一个到腰部位置的纵向带状开口部，与水平线形成对比。

采用这种手法需要注意，从北侧进入的情况下，可在玄关开口宽度下，直接将开口集中到屋檐，没有其他开口，将多数涂刷灰泥的墙壁集中起来，腰墙便可发挥它的效用。若是像南侧一样开口部比较多的情况，则效果不会太明显。此外，灰泥墙需要将屋檐大幅度挑出并加以保护。

（案例名称：户神台的住宅）

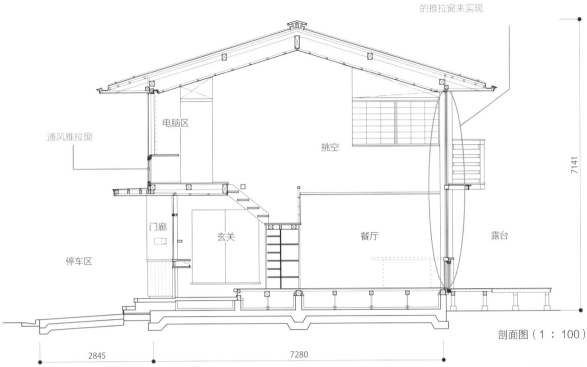

餐桌旁的窗户为整面落地窗，不管在内在外都清晰可见。通风可通过比餐桌低的推拉窗来实现

通风推拉窗

电脑区

挑空

露台

餐厅

玄关

门廊

停车区

7141

剖面图（1：100）

2845　　　　　7280

家人共用的电脑桌。桌子下有推拉窗，可通风

两张榻榻米床

9100

电脑区

步入式衣橱

盥洗更衣室

浴室

7280

卧室A

挑空

卧室B

阳台　　　　　阳台

2层

可从墙壁中拉出拉门

上　南侧外观。木制部分涂刷有木材防腐剂
下　自2层走廊俯视楼梯和餐厅。从墙壁拉出拉门，即可关闭上下开口

门廊　停车区

储藏室

玄关

大厅

和室

厨房

餐厅

起居室

7280

露台

1层

平面图（1：250）

62

A 通过连续的三角形飘窗，使建筑融入周围的高层大厦。

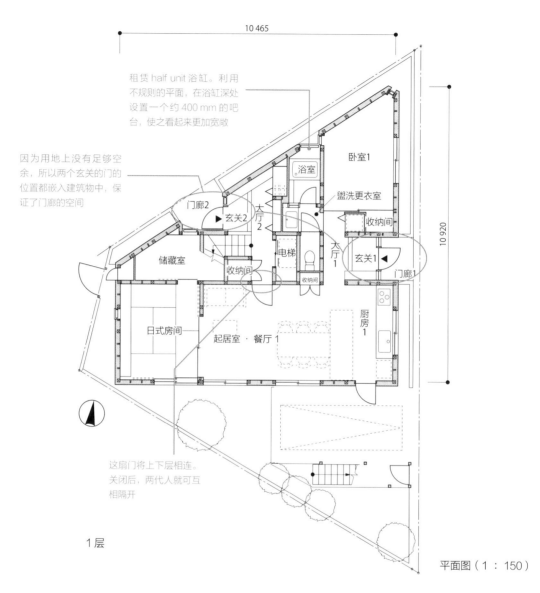

10 465

租赁 half unit 浴缸。利用不规则的平面，在浴缸深处设置一个约 400 mm 的吧台，使之看起来更加宽敞

因为用地上没有足够空余，所以两个玄关的门的位置都嵌入建筑物中，保证了门廊的空间

卧室1

浴室

盥洗更衣室

收纳间

门廊2

玄关2

大厅2

电梯

大厅1

玄关1

门廊1

储藏室

收纳间

收纳

厨房1

日式房间

起居室·餐厅1

10 920

这扇门将上下层相连。关闭后，两代人就可互相隔开

1层

平面图（1：150）

从2层日式房间看起居室、餐厅。推拉门上方横木之上以及黑色线条的扁钢处安装有间接照明

　　这是一栋位于城市中心的2层木造住宅的立面，该住宅中包含一部分租赁空间。这栋住宅经过重建，因为土地征用，建筑用地被斜向切割成不规则形，所以只能重建。

　　道路宽15 m，面向道路的北侧立面的处理方法如下——留下的用地呈锐角，巧妙运用这个特征，将墙面的锐角边缘部位做成狭长竖窗，三角形的飘窗凸出，使浴室、盥洗室、洗衣间、厕所的墙面仿佛保存了斜向切割的痕迹。

（案例名称：惠比寿的住宅）

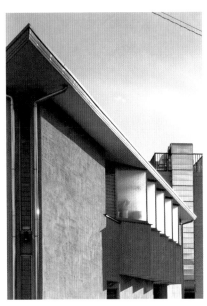

沿着道路上锐角的角落地带，建筑的屋顶也呈锐角，角落的窗户做成狭窗。狭窗的两边有雨水管

相连的三角形飘窗立面。建筑物后面是惠比寿花园广场

盥洗更衣室的洗衣机旁边，是用门隐藏起来的污水池。三角形飘窗基本都是封闭窗，但是为了确保通风，各房间都部分设有可开闭的窗户

1层在布局上考虑到了租赁以及两代人居住的需求。2层房东住，设置有家用电梯，以便在腿脚不便时也能保持通行自由

自盥洗室和卧室都能进入

连续的三角形飘窗。配备有小便器、坐便器、水槽、洗脸台和用水区域的各功能设施

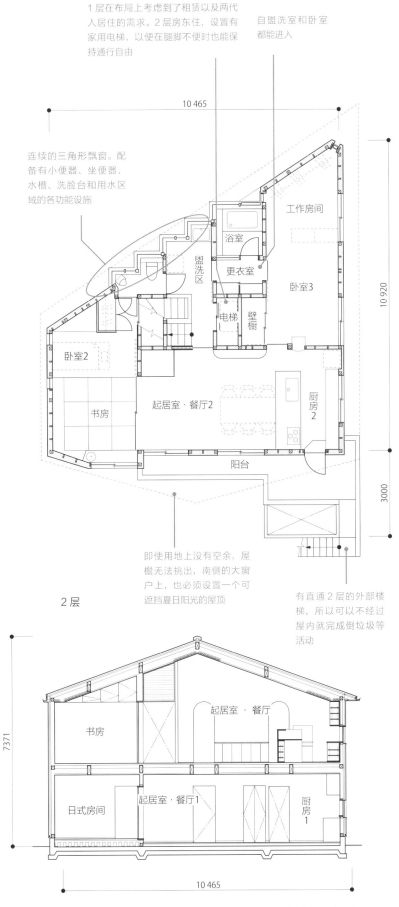

即使用地上没有空余，屋檐无法挑出，南侧的大窗户上，也必须设置一个可遮挡夏日阳光的屋顶

有直通2层的外部楼梯，所以可以不经过屋内就完成倒垃圾等活动

2层

剖面图（1：150）

63

A 每个房间设置不同高度的屋顶。

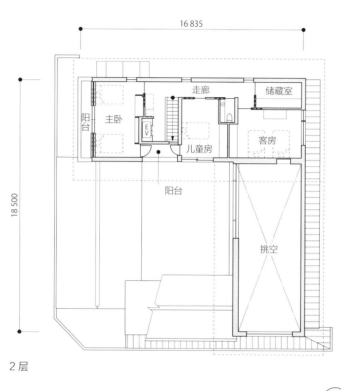

16 835

18 500

阳台　主卧　走廊　储藏室

EV　儿童房　客房

阳台

挑空

2层

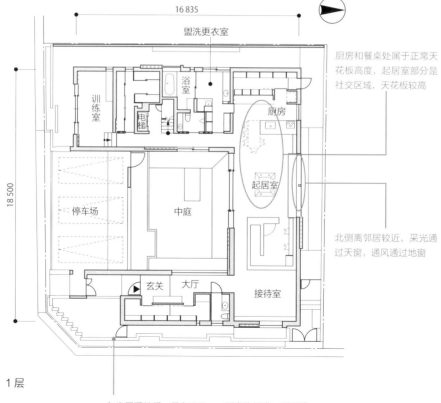

16 835

盥洗更衣室

18 500

训练室　浴室　厨房

电梯

停车场　中庭　起居室

玄关　大厅　接待室

1层

厨房和餐桌处属于正常天花板高度，起居室部分是社交区域，天花板较高

北侧离邻居较近，采光通过天窗，通风通过地窗

车库屋顶较低，只有2.5 m，以它为标准，将屋檐挑出至道路一侧，减轻压迫感

平面图（1：300）

左　中庭西侧。深处的主房为两层建筑，较高
右上　自车库一侧隔着中庭看天花板较高的起居室窗户
右下　自起居室看中庭。上腰窗的格子采用彩绘玻璃。在起居室看到的车库的屋顶较低，产生开放感

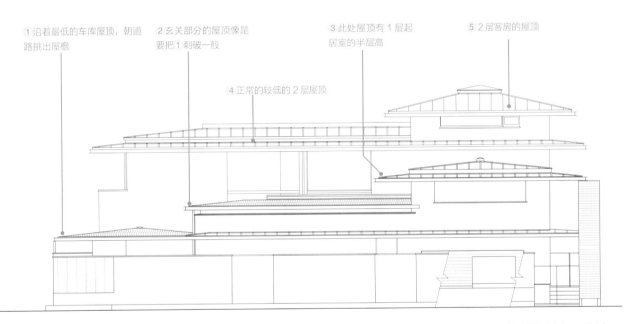

①沿着最低的车库屋顶，朝道路挑出屋檐

②玄关部分的屋顶像是要把①刺破一般

③此处屋顶有1层起居室的半层高

⑤2层客房的屋顶

④正常的较低的2层屋顶

东立面图（1：150）

自东南一侧看整栋建筑。近前的屋顶压低，越往后越高

住宅比较大的时候，布局一旦太集中，就会有一种气势汹汹的感觉，给周边带来压迫感。

在这栋住宅中，中央设有一个大的中庭，周边布局着车库和各个房间，南侧车库的屋顶压低，后面正房的屋顶分房间一个个去搭建，进行分割，让每个房间的天花板高度和屋顶高度都各不相同，由此一来，屋顶就会展现出一种叠加式的设计样态，从而减轻住宅产生的压迫感。

不同的天花板高度，可通过彩绘玻璃格窗、走廊的地窗、车库的通风格子墙等来装饰，彼此之间保持平衡的同时，又各有各的特色。

（案例名称：有五个屋顶的住宅）

64

A 通过木制幕墙打造出独具特色的立面。

Q 如何让两层建筑的立面富于变化？

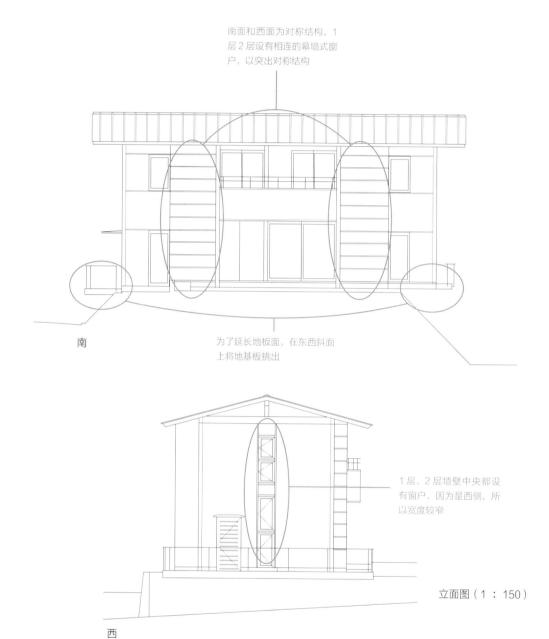

南面和西面为对称结构，1层2层设有相连的幕墙式窗户，以突出对称结构

南

为了延长地板面，在东西斜面上将地基板挑出

1层、2层墙壁中央都设有窗户，因为是西侧，所以宽度较窄

立面图（1：150）

西

外观由木质固定角窗的幕墙构成

简单的2层建筑，若中规中矩设置已经做好的推拉门，整个建筑的样态很容易单调平庸。案例中仅在必要的地方设置推拉门，并同时考虑到了整个立面上的平衡，在有需要的地方设置封闭窗，天花板内部的墙面内侧用黑色玻璃装饰，从屋檐至地基部分做成幕墙。

（案例名称：日向冈的住宅）

遮挡日晒的屋檐，但是遮挡效果无法延续到 1 层，所以 1 层设置了百叶窗

设有一个类似檐廊的空间，将南面做成对称结构

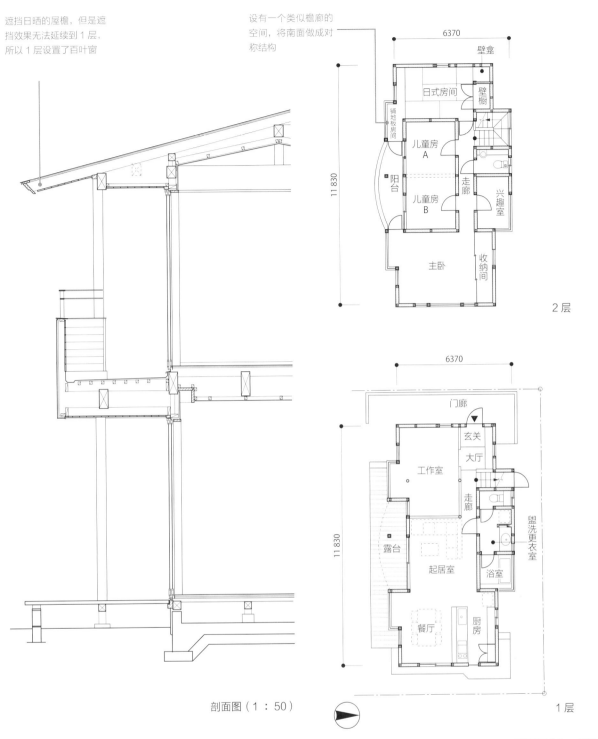

2 层

6370

11 830

壁龛

日式房间

壁橱

铺地板房间

儿童房 A

阳台

走廊

兴趣室

儿童房 B

主卧

收纳间

1 层

6370

11 830

门廊

玄关

大厅

工作室

走廊

盥洗更衣室

露台

起居室

浴室

餐厅

厨房

剖面图（1：50）

平面图（1：200）

左　幕墙的外观和开阔的景致
右　自内部看幕墙

65

A 确保停车场区域，让住宅悬浮起来。

Q 考虑到将来，如何实现租赁停车场和住宅共存？

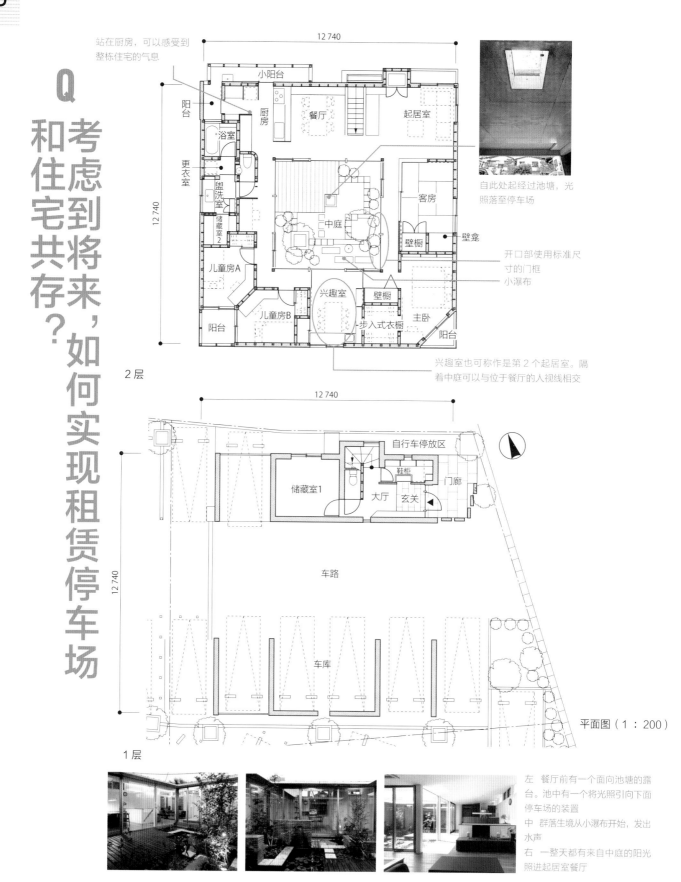

站在厨房，可以感受到整栋住宅的气息

12 740

小阳台

阳台

厨房

餐厅

起居室

浴室

更衣室

盥洗室

储藏室2

儿童房A

阳台

儿童房B

兴趣室

步入式衣橱

壁橱

中庭

客房

壁橱

主卧

壁龛

阳台

12 740

自此处起经过池塘，光照落至停车场

开口部使用标准尺寸的门框
小瀑布

兴趣室也可称作是第2个起居室。隔着中庭可以与位于餐厅的人视线相交

2层

12 740

储藏室1

大厅

自行车停放区

鞋柜

玄关

门廊

车路

车库

12 740

1层

平面图（1：200）

左　餐厅前有一个面向池塘的露台。池中有一个将光照引向下面停车场的装置
中　群落生境从小瀑布开始，发出水声
右　一整天都有来自中庭的阳光照进起居室餐厅

屋顶悬浮的夜景。玻璃窗包围阳台

日式房间和中庭

道路一侧的外观，呈一种车路上有住宅的形态

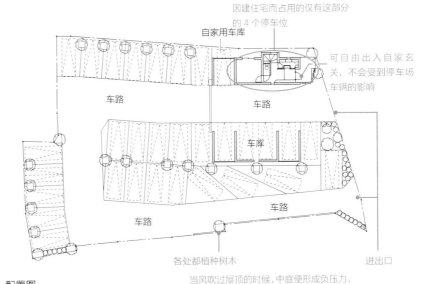

因建住宅而占用的仅有这部分的 4 个停车位

自家用车库

可自由出入自家玄关，不会受到停车场车辆的影响

车路　车路

车库

车路

车路

各处都植种树木　进出口

配置图
（1：500）

当风吹过屋顶的时候，中庭便形成负压力，起居室内的空气就会被排出。在上述空气流动的作用下，便可保持起居室的舒适度

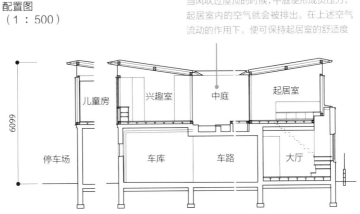

儿童房　兴趣室　中庭　起居室

6099

停车场　车库　车路　大厅

剖面图（1：200）

　　用地较为宽广的情况下，规划的时候就必须考虑到整个用地十几年后的状态，哪怕只有住宅的规划。出了车站检票口有一座大型停车场，就与这条路相隔一户的距离，现存住宅便位于这座大停车场深处约 99 m² 的土地上。

　　考虑一下用地的灵活运用，若与车站之间的那块用地出售，买下来，便可与站前区域实现土地连接。由此一来，若做成集体住宅，则不妨将深处部分空下来，以便自由规划；再考虑一下不会出售的情况，停车场就需要至少 6 m 多的与道路相连接的区域，有了这块区域，建共同住宅也可以实现。关于停车场车路，回游路比现存的往返路更加便利，使用效率更高。委托人想要一个有池子的庭园，但是自周边近邻以及公寓 2 层都可以将它看得一清二楚，难以安心观赏，于是就放弃了。

　　因此，首先便将整个土地看成一个租赁停车场，按最高效的停放车位数进行规划，隔着其中西北角的车路，分

别设置 4 个车位，共 8 个车位，而住宅就在这 8 个停车位的上方。但是，其中 3 个车位做成了住宅玄关、楼梯。车路成了整个回游路的一部分。由此一来，车位就可以多算 5 个，更加便利。建筑加盖一层增加的施工费，正好可以用靠多出来的停车位收取的停车费来弥补。

　　住宅为钢筋混凝土结构木造建筑，建在挑高的人造地基上。住宅中央有一个中庭，有玻璃门，边长约 5.4 m，这个庭园，只有家人可以赏玩，近邻、出入停车场的客人等谁都看不到。庭园的屋檐天花板高度下调 2.2 m，外侧周边挑高，做成斜面屋顶（天花板），便于阳光射入。由此一来，当风吹过屋顶的时候，中庭空间便形成负压力。打开外侧周边的高窗，打开中庭的窗户，室内的空气就会排到中庭，从而保证住宅的良好通风。

　　（案例名称：空庭舍）

66

A 可以控制建筑成本，建一个租赁停车场。

Q 在狭窄用地，留出建蔽率限制的余地进行建造有什么好处？

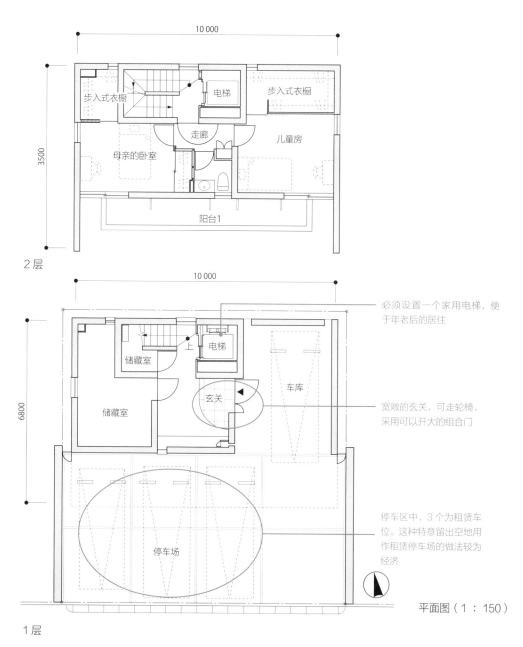

2层

必须设置一个家用电梯，便于年老后的居住

宽敞的玄关，可走轮椅，采用可以开大的组合门

停车区中，3个为租赁车位。这种特意留出空地用作租赁停车场的做法较为经济

平面图（1：150）

1层

图中文字：
步入式衣橱　电梯　步入式衣橱　儿童房　走廊　母亲的卧室　阳台1
储藏室　上　电梯　储藏室　玄关　车库　停车场

商业防火区域必须要建防火建筑，哪怕用地狭窄，为了确保必要的面积，竖直方向上需要叠加层数，打桩工程也是必要之举。

狭窄用地上建造建筑通常会彻底将建蔽率应用起来，但是，反过来有些时候，会将建筑面积缩小，减少桩子数量，留出空地，做成商业用地上的收费停车场反而能在经济上留出更多的灵活空间。

案例中，通过楼板将通常的垂直切割做成了水平切割，由此一来，区域划分构成变得更加明快。走廊的功能可由楼梯来承担，同时，因为这栋住宅也是高龄人的居所，因此将楼梯改成了电梯，实现了无障碍通行。这样的话，4层就可以设置起居室、餐厅。钢筋混凝土构造，张贴上日本纸，做一个日式房间，即使是新建筑，也可以营造出以前的木造建筑的感觉，自然而和谐。

（案例名称：棚楼居）

停车区中，有 3 个车位是可出租的

从 4 层起居室看餐厅和厨房

从 4 层厨房看起居室

用水区域设置在南侧，盥洗更衣室、浴室都可以做得较为宽敞，成为一个光照自南侧进入的明亮空间

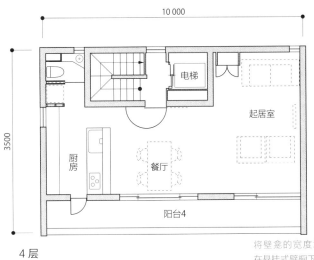

10 000

3500

电梯

起居室

厨房

餐厅

阳台4

4 层

将壁龛的宽度增加 455 mm，在悬挂式壁橱下设置通风窗

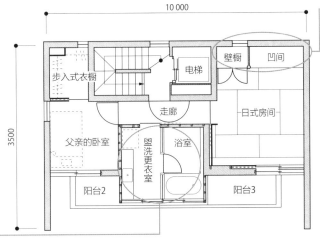

10 000

3500

步入式衣橱

电梯

壁橱

凹间

走廊

日式房间

父亲的卧室

盥洗更衣室

浴室

阳台2

阳台3

3 层

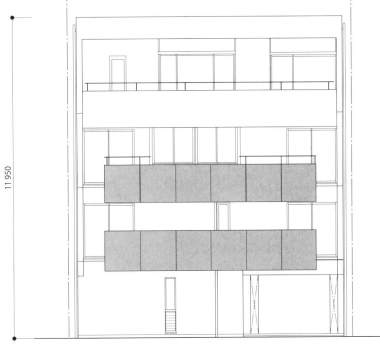

11 950

南立面图（1 : 150）

张贴着日本纸的客房。天花板上部分张贴有一种天然木材薄板

67

A 隔开一段距离建2层露台。

Q 如何在确保1层有阳光照射的同时，在2层建1个露台？

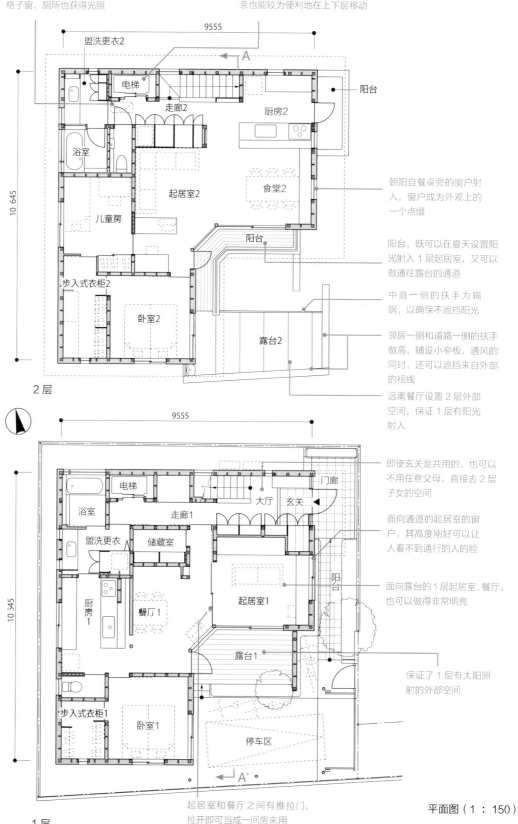

走廊容易变得阴暗，通过天窗采光。天窗还可同时为2层散热，来自天窗的光照，穿过玻璃格子窗，厕所也获得光照

家用电梯的设置，让腿脚不便的母亲也能较为便利地在上下层移动

9555

盥洗更衣2

A

电梯

走廊2

厨房2

阳台

浴室

起居室2

食堂2

儿童房

步入式衣柜2

阳台

卧室2

露台2

10 645

2层

朝阳自餐桌旁的窗户射入，窗户成为外观上的一个点缀

阳台，既可以在夏天设置阳光射入1层起居室，又可以做通往露台的通道

中庭一侧的扶手为扁钢，以确保不遮挡阳光

邻居一侧和道路一侧的扶手做高，铺设小窄板，通风的同时，还可以遮挡来自外部的视线

远离餐厅设置2层外部空间，保证1层有阳光射入

9555

浴室

电梯

走廊1

大厅

门廊

玄关

盥洗更衣

储藏室

厨房1

餐厅1

起居室1

阳台

露台1

步入式衣柜1

卧室1

停车区

10 545

A'

1层

即使玄关是共用的，也可以不用在意父母，直接去2层子女的空间

面向通道的起居室的窗户，其高度刚好可以让人看不到通行的人的脸

面向露台的1层起居室、餐厅，也可以做得非常明亮

保证了1层有太阳照射的外部空间

起居室和餐厅之间有推拉门，拉开即可当成一间房来用

平面图（1：150）

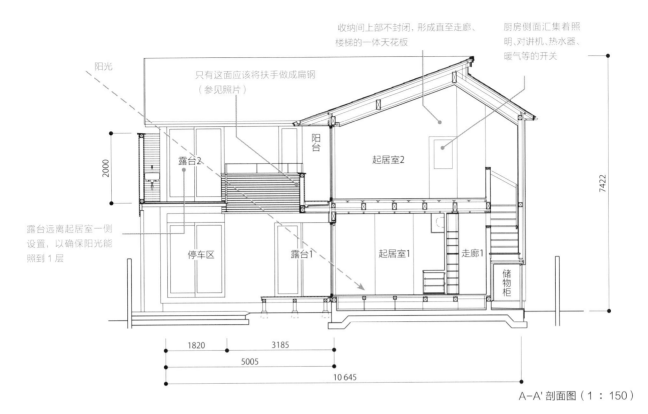

阳光

只有这面应该将扶手做成扁钢
（参见照片）

收纳间上部不封闭，形成直至走廊、
楼梯的一体天花板

厨房侧面汇集着照
明、对讲机、热水器、
暖气等的开关

阳台

起居室2

露台2

露台远离起居室一侧
设置，以确保阳光能
照到1层

停车区

露台1

起居室1

走廊1

储物柜

2000

7422

1820　3185

5005

10 645

A-A' 剖面图（1：150）

左　自停车区上方的2层露台看餐厅方向。2层阳台南侧的扶手应用扁钢来做，以确保露台能和2层餐厅连成一体
右上　阳光完美地照进1层起居室
右下　东侧外观。阳台、露台的扶手用小窄板来做，形成一种点缀

　　若住宅中两代人分居上下，那么用地上若是没有足够的空闲，1层、2层的起居室、餐厅就会集中在南侧，外部空间也极易叠加在一起。若给起居室接续设置一个稍有纵深的2层露台，又会遮挡住射向1层起居室的阳光，以及少量射向庭园的阳光。

　　因此，便在位于1层庭园南端的车棚上方，设置了一个远离2层起居室的露台。由此一来，1层的起居室和庭园便可以正常接受光照，2层亦可以作为一个外部空间，留出一片规整的露台空间。

　　在稍微隔着一段空间的外部露台眺望自家的起居室，比从地板延长出的露台上观看，更有一番滋味。

　　　　　　　　　　　　　　　（案例名称：市川市的住宅）

147

68

A 统一地板装饰，做成户外客厅。

Q 如何将中庭做成一个房间？

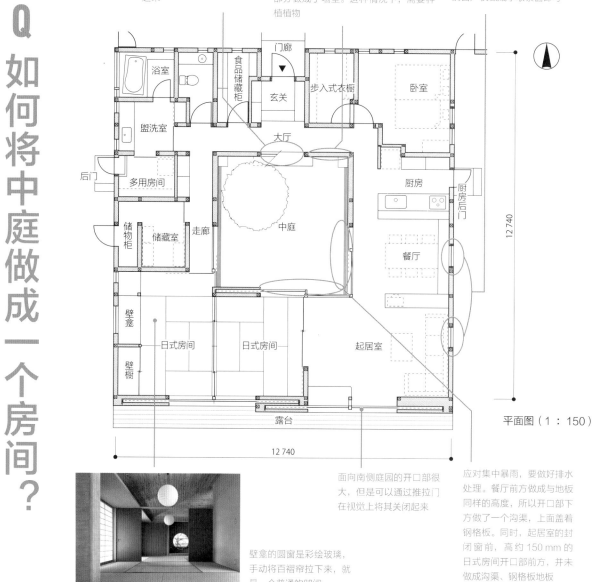

要慎重判断是否能从玄关直接看到中庭。此处用装饰架遮挡视线，将其隐藏起来

从起居室看到的中庭对面一侧是做成墙壁，还是做成玻璃窗，要看中庭是做成外部，还是内部。此处做成了外部，大部分做成了墙壁。这种情况下，需要种植植物

因为包含中庭的内部要做成另外一个世界，所以能看到外部的窗户仅做成小取景窗即可

浴室　食品储藏柜　门廊　步入式衣橱　卧室　盥洗室　玄关　大厅　厨房　厨房后门　后门　多用房间　中庭　储物柜　储藏室　走廊　餐厅　壁龛　日式房间　日式房间　起居室　壁橱　露台

12 740

12 740

平面图（1：150）

面向南侧庭园的开口部很大，但是可以通过推拉门在视觉上将其关闭起来

应对集中暴雨，要做好排水处理。餐厅前方做成与地板同样的高度，所以开口部下方做了一个沟渠，上面盖着钢格板。同时，起居室的封闭窗前，高约 150 mm 的日式房间开口部前方，并未做成沟渠、钢格板地板

壁龛的圆窗是彩绘玻璃，手动将百褶帘拉下来，就是一个普通的凹间

人们不只追求住宅内部空间，同时也想拥有一个可以自由伸展的私人外部空间。我认为，很多人追求屋外露台就是一个具体的表现。

若用地如案例一般较为宽广，建了平房还可以设置中庭，那么就设置一个如屋外客厅般的中庭。住宅的中庭中，有供采光的庭园，有可以自浴室观望到的小庭院等，若想把它做成一个可以用来鉴赏的独立庭园空间，就要确保最低限度的尺寸。不同的设计师会有不同的设计思路，笔者认为，在平房低屋檐的条件下，从窗户至庭园对面一侧的墙壁之间的距离，至少需要 5.4 m，中庭的宽度要保证约 5.4 m。

案例中的屋檐较高，如果可能的话我希望它能更宽。也是因此才控制了屋檐的挑出长度，提高了地板高度和起居室的高度，装饰也做成统一样态，由此打造出一个如内部空间延续一般的外部客厅。

（案例名称：筑波市的住宅）

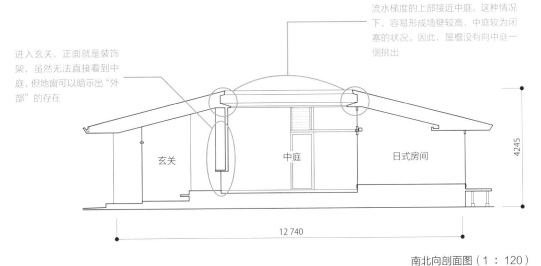

进入玄关，正面就是装饰架，虽然无法直接看到中庭，但地窗可以暗示出"外部"的存在

流水梯度的上部接近中庭，这种情况下，容易形成墙壁较高，中庭较为闭塞的状况。因此，屋檐没有向中庭一侧挑出

玄关　　中庭　　日式房间

4245

12 740

南北向剖面图（1：120）

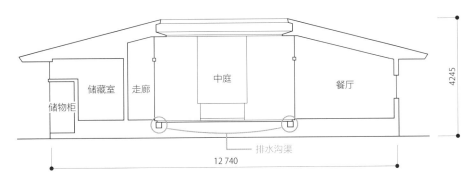

储藏室　走廊　中庭　餐厅

储物柜

4245

排水沟渠

12 740

东西向剖面图（1：120）

左上　从中庭东侧起看日式房间、起居室
左下　从日式房间看起居室。起居室的小窗户
是视线聚集点
右　从起居室看中庭。起居室的斜向天花板隔
着格子窗与中庭的屋檐天花板相接

69

A 建三种格调不同的庭园。

中央是日式风格的庭园，从日式房间和走廊都可以观看

上 中央的"コ"形庭园，经过了人工的护理
下 自庭园可以看到门廊和日式房间

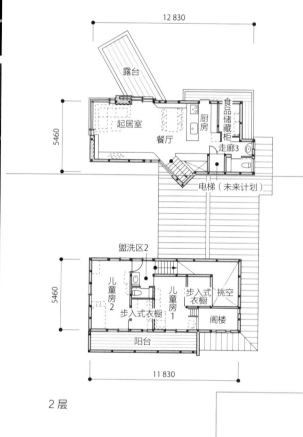

2 层

左 车库前的掉头区、玄关通道和门廊庭园
右 自道路隔着门和围墙看到的外观

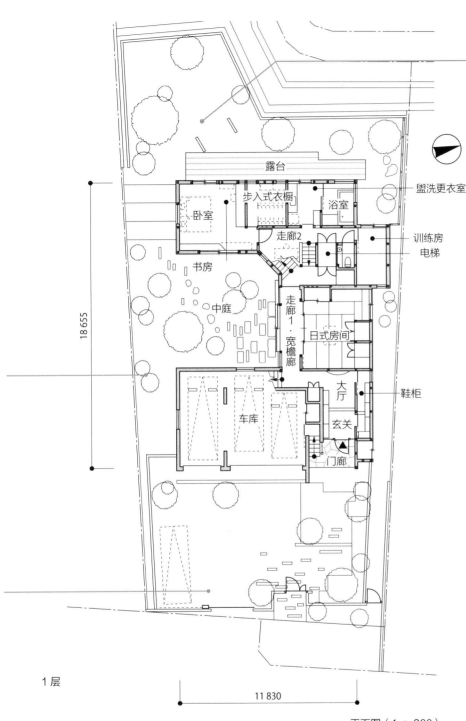

露台

步入式衣橱

卧室

浴室

走廊2

盥洗更衣室

书房

训练房

电梯

中庭

走廊1・宽檐廊

日式房间

车库

大厅

鞋柜

玄关

门廊

18 655

11 830

1 层

平面图（1：300）

用地深处的庭园，是包含山崖斜面的自然庭园。2 层露台挑出，站在露台上，可欣赏到犹如身处山崖上一般的的景致

上　面向山崖的西侧庭园。庭园保持原生态，无须太多的照料

下　西侧露台前的庭园

可以说，家庭，由家和庭组成。庭园不是用地上的一块空地，它与住宅之间，是正面关系，还是负面关系，这直接影响着一个家庭的状态。案例中，"家"被分成了三部分，"庭园"分别与这三部分相对应。

东侧是一个通道庭园，设有自门到车库的 3 个车位的旋转空间，直达玄关。中央的日式房间和檐廊部分，是一个比较精致的庭园。从门廊走下半层，是 1 层的卧室、盥洗更衣室、浴室、训练房，观景浴室就是庭园，且只有它做得较为精致。

向上爬半层就是 2 层的起居室、餐厅，将露台自 2 层起居室、餐厅向空中挑出，外围不做任何处理，从而形成一个可充分观赏山崖对面景致和大自然的空间。

（案例名称：落叶庄）

70

A 使屋顶在外观上仿佛是墙面的延续。

Q 有楼间距限制又不挑出屋檐时如何设计?

室内天花板沿着屋顶的斜度铺设，把整栋建筑物做成狭长状

屋檐一旦挑出就会碰触到楼间距的限制，所以建筑物高度必须压低。然后再考虑不将屋檐挑出的设计

梁部分安装间接照明

设计上，屋顶仿佛与墙壁是相连的，实际上是通过导雨管排水的。这样一来，就可以适当避免带着尘土的雨水流过没有屋檐的窗户

起居室2

餐厅2

7245

起居室1

父母卧室

8190

安装有中央空调，暖风穿过地板，扩散到全层

剖面图（1：100）

　　若住宅稍微触及楼间距限制，那么东西其中一侧的屋顶也就会触及楼间距限制。因此在楼层高度不能下调的情况下，有时屋檐无法挑出。没有屋檐，一般的木造建筑的外壁的护理以及防脏问题就会出现困难。就这栋住宅来讲，其外壁涂刷有灰泥，也正是因此，在没有屋檐的情况下，这将会给墙壁的持久性带来很大的影响。

　　因此，无法挑出屋檐的墙壁，就使用跟持久性较强的屋顶相同的材料，屋顶折弯，做成外墙。实际上折弯的部分就成了雨水管，可保证屋顶的雨水不会流到墙壁上。整栋住宅就像用屋顶材料包起来的隧道，玄关就在这个隧道的中央部位。

　　需要注意的是，这种结构下，北侧和南侧的挑檐屋顶，即便挑出1 m以内，若袖墙从地基延续出来，也会被计算到建蔽率中。案例中也是在屋檐下做了结构上的分隔。

（案例名称：都筑的住宅）

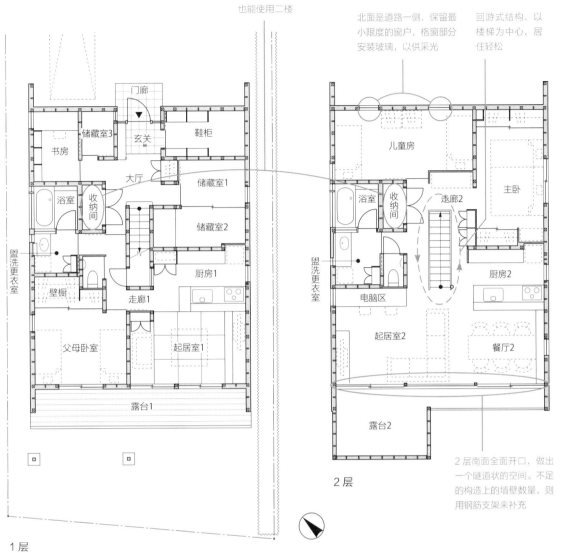

这栋住宅是共享玄关的两代人住宅，保留着家用电梯的设置空间，以便将来父母也能使用二楼

北面是道路一侧，保留最小限度的窗户，格窗部分安装玻璃，以供采光

回游式结构，以楼梯为中心，居住轻松

1层

门廊
玄关
鞋柜
储藏室3
书房
大厅
储藏室1
储藏室2
浴室
收纳间
盥洗更衣室
壁橱
厨房1
走廊1
父母卧室
起居室1
露台1

2层

儿童房
主卧
浴室
收纳间
走廊2
盥洗更衣室
电脑区
厨房2
起居室2
餐厅2
露台2

2层南面全面开口，做出一个隧道状的空间。不足的构造上的墙壁数量，则用钢筋支架来补充

平面图（1：150）

道路一侧的外观（北侧）。两侧袖墙通过屋檐部分隔断，避免被算入建蔽率中。在玻璃格窗作用下，室内天花板仿佛与屋檐天花板相连

2层南侧。南侧除格窗以外，是全面开口。室内呈狭长状一直延续到屋檐内侧

A 做弯曲墙面和三维屋顶，享受空间乐趣。

Q 怎样让别墅保持新鲜感？

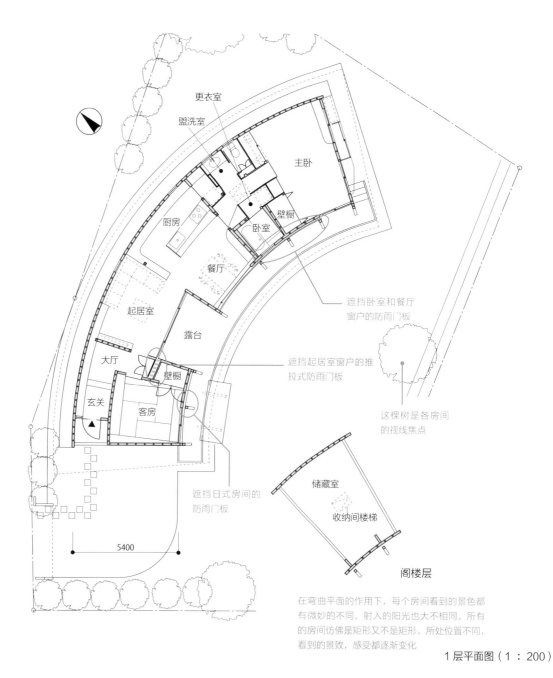

更衣室
盥洗室
主卧
壁橱
厨房
卧室
餐厅
起居室
露台
大厅
壁橱
玄关
客房

遮挡卧室和餐厅窗户的防雨门板

遮挡起居室窗户的推拉式防雨门板

这棵树是各房间的视线焦点

遮挡日式房间的防雨门板

5400

储藏室
收纳间楼梯
阁楼层

在弯曲平面的作用下，每个房间看到的景色都有微妙的不同，射入的阳光也大不相同。所有的房间仿佛是矩形又不是矩形，所处位置不同，看到的景致，感受都逐渐变化

1层平面图（1：200）

　　别墅中需要日常生活中体会不到的刺激。当活动目的较为明确的时候，如户外活动，它可以用来做活动基地，但这样做其实只是换了一个场所而已，最终还是会厌倦，导致别墅使用频率减少。但是，若要是在空间中设置一些有刺激性的装置，然后邀上几个朋友前来玩耍，那么即使自身早已感到无趣，别墅依然可以长久使用。

　　这栋别墅中没有暖炉等特别的装置，光照自高侧窗落下，照亮弯曲的纯净木质且变化丰富的墙面，随着时间的推移，可以欣赏到更多样的色调变化。通过对住宅的多个分隔，父母和子女，多个组合可以同时展开活动，空间不只会产生变化，留出空地，还会避免让人产生厌倦情绪。

　　上方由三个曲面的屋顶覆盖，悬挂式护窗板可以将所有窗户覆盖起来，由此让人产生同在一个屋檐下的一体感。弯曲面焦点附近种植有树木，所有的房间都可以看到在那里玩耍的人，这里既可以掌握自己所在的位置，同时又能获得一种虽与他人分离，但又时刻同在的感觉。

（案例名称：胶合层积材弧形住宅）

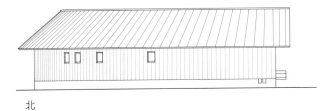

北

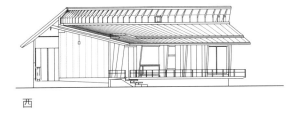

西

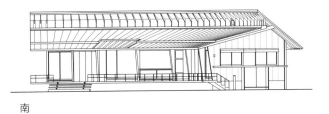

南

东

立面图（1：300）

屋脊由架在两面外墙上的
人字形椽木构成。没有大
型的屋脊木也没有支撑它
的墙壁或柱子

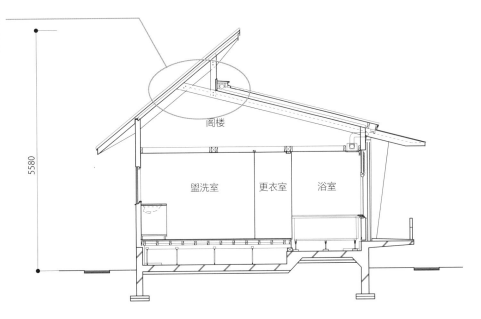

阁楼

5580

盥洗室　更衣室　浴室

剖面图（1：100）

光照从天窗落下照在墙面上，
室内氛围时刻变化

餐厅和起居室。没有椽木支撑的主屋，椽木由嵌入屋顶的钢
板吊起

外墙面上悬挂防雨门板，人不在的时候可以遮挡住开口部

第5章

结构和材料
提升住宅格调

通过优化结构大幅提升空间质量，如，在广阔的空间中尽量减少柱子的数量，在没有支撑的状态下做出较深的屋檐。材料也是一样，细节上的精益求精和考究会让住宅更加美观。同时，材料要选择容易保养的，平衡性也要考虑，这样住宅的美观更具持久性。

72

A 像架桥一般建住宅。

如何不平整土地就在崖地建别墅？

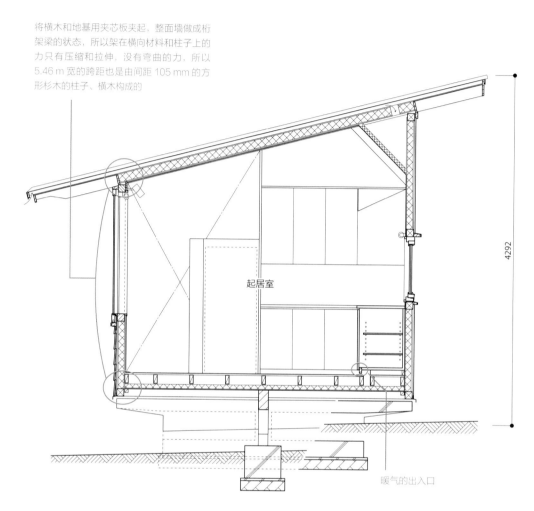

将横木和地基用夹芯板夹起，整面墙做成桁架梁的状态，所以架在横向材料和柱子上的力只有压缩和拉伸，没有弯曲的力，所以5.46 m 宽的跨距也是由间距 105 mm 的方形杉木的柱子、横木构成的

起居室

暖气的出入口

4292

A-A' 剖面图（1：150）

　　建别墅的时候，可以不对建筑物周边进行处理，保持野外的风情。在预算有限的情况下，不做土地平整工作，每个地基按各自实际土地的高度，像桥墩一样去建，上方覆盖由横木和桥基构成的桁架墙（部分扶手墙）。

　　桁架墙整体上就是一个桁架结构，105 mm 宽的柱间距，用定向刨花板将内含保温材料的板子插入，然后再将胶合板的边缘部位用螺丝固定在柱子上。屋顶也做成夹芯板的单面坡状，钢板比望板高出25 mm，可将新鲜空气从檐头引入其中，将加温到 20 ~ 40 ℃以上的空气通过中央风扇吹到室内。

　　人不在的时候住宅也可以实现换气，即使冬季，建筑物室内依然可以保持较为清爽的空气，保持一定的温度。关于内部的装饰，直接涂刷桁架墙的定向刨花板也是一个不错的选择。

（案例名称：一不二异亭）

将聚热管道作用下达到 30 ℃以上的热气通过两个中央风扇吹到地板下，再从各房间地板的出入口排出。同时，FF 式暖气（强制送气排气式暖气）发出的热气，也会通过地板下空间扩散到各个房间，使住宅每个角落都能获取到暖气

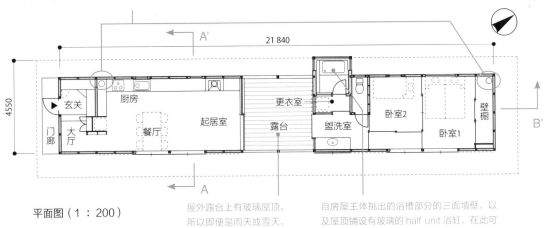

平面图（1：200）

屋外露台上有玻璃屋顶，所以即便是雨天或雪天，也依然能享受户外生活

自房屋主体挑出的浴槽部分的三面墙壁，以及屋顶铺设有玻璃的 half unit 浴缸，在此可享受到露天浴般的感觉

21 840

4550

A'　A　B'

玄关　厨房　更衣室　卧室2　壁橱
门廊　大厅　餐厅　起居室　露台　盥洗室　卧室1

B-B' 剖面图（1：200）

大厅　厨房　起居室　露台　盥洗室　卧室2　卧室1　壁橱

21 840

取暖设备产生的热气钻入被褥收纳抽屉的缝隙，可使被褥保持干燥状态

在厨房前隔着餐桌看南侧。开口部为推拉门，外墙腰部的笠木做成了门槛。将门、窗的边框放下，即可做出与封闭窗相同的样态，并保证封闭性。墙壁是定向刨花板构造，已进行涂刷

东北方向的外观。墙壁一直延伸到承受地基和屋顶的横木，是合成桁架墙结构，可拉开较大的跨距。而地板下，桥桁的高度足够人在下面活动，所以这里成了劈柴等户外作业的区域

73

A 采用杉木方材连接墙板建造法（FSB建造法）。

实现材料的再利用？

如何建造，才能在调整温湿度的同时，

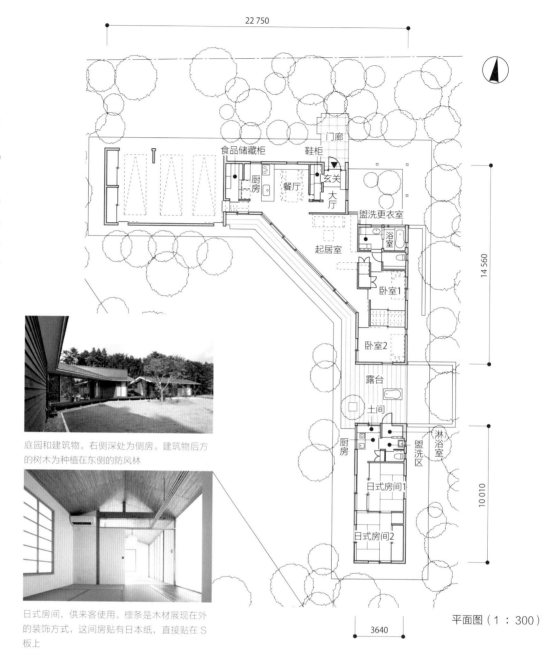

22 750

食品储藏柜　鞋柜　门廊
厨房　餐厅　玄关
盥洗更衣室
起居室　浴室
卧室1
卧室2
露台
土间
厨房　盥洗区　淋浴室
日式房间1
日式房间2

14 560

10 010

3640

平面图（1：300）

庭园和建筑物。右侧深处为侧房。建筑物后方的树木为种植在东侧的防风林

日式房间，供来客使用。檩条是木材展现在外的装饰方式，这间房贴有日本纸，直接贴在S板上

都在主张保温和调湿性，但没有人真正关心这个问题。而且当建新建筑时，也没人担心拆除的问题。因此在设计的时候，我特意将这些列入问题中，进行规划。FSB法建造的建筑，会大量使用纯净木材（通常为木造建筑的3～4倍），因此，整栋住宅的热容量非常大，极富保温和调湿性。每天的温度湿度变化不大，居住人不用担心结露以及过度干燥的问题，居住性能非常理想。

FSB建造法将通过螺钉相连的、与柱子同尺寸的方材连接墙（墙板），代替斜撑插入普通木造骨架建的柱子间，用梁或横木固定，做成承重墙。固定则通过金属建造法中的打孔金属管螺栓固定来完成。屋顶由通风层和包含保温材料的夹芯板构成。

方材之间有辅助接合材料，墙板可以保证防水性能，保证密封性，即便内外墙板都外露，也能保证与30 mm厚发泡类保温材料同等的保温性能。另外，105 mm宽的杉木方材连接板在内

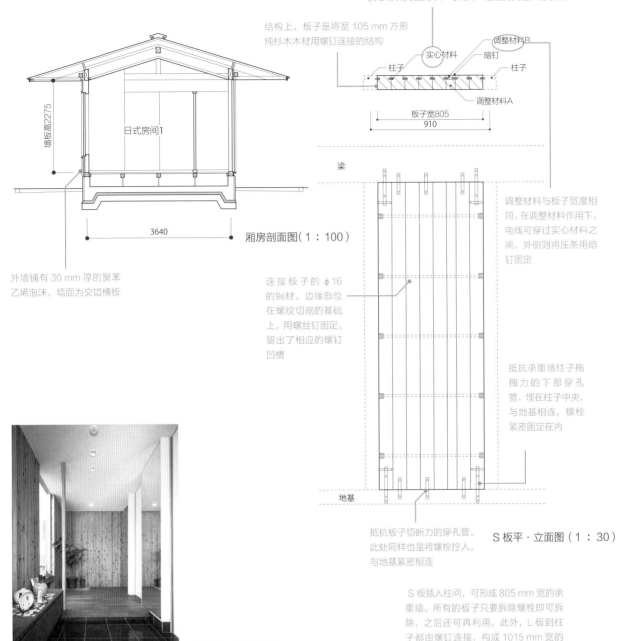

实心材料夹在其中，可确保一定的封闭性、防水性

结构上，板子是将宽 105 mm 方形
纯杉木木材用螺钉连接的结构

实心材料

调整材料B

暗钉

柱子

柱子

调整材料A

板子宽805

910

墙板高2275

日式房间1

3640

厢房剖面图（1：100）

外墙铺有 30 mm 厚的聚苯
乙烯泡沫，墙面为交错横板

连接板子的 φ16
的钢材。边缘部位
在螺纹切削的基础
上，用螺丝钉固定。
留出了相应的螺钉
凹槽

梁

调整材料与板子宽度相
同，在调整材料作用下，
电线可穿过实心材料之
间，外侧则将压条用暗
钉固定

抵抗承重墙柱子拖
拽力的下部穿孔
管，埋在柱子中央，
与地基相连，螺栓
紧密固定在内

地基

抵抗板子切断力的穿孔管。
此处同样也是将螺栓拧入，
与地基紧密相连

S 板平·立面图（1：30）

玄关大厅。正面墙壁面
S 板外露。构造体直接
装饰外观

S 板插入柱间，可形成 805 mm 宽的承
重墙。所有的板子只要拆除螺栓即可拆
除，之后还可再利用。此外，L 板到柱
子都由螺钉连接，构成 1015 mm 宽的
承重墙。S 板和 L 板根据承重的必要程
度分开使用

外均外露的情况下，经过了 30 分钟的耐火实验，取得了
日本国土交通省防火构造外墙的认证。板子也充分考虑到
了拆除之后可重复使用的问题。建筑确认申请，必须要经
过安全强度计算，获得安全认证。

　　案例中，用地北侧和东侧种有防风林树木，以阻挡来
自茶臼岳的冷风，建筑物呈 L 形布局，所有房间均可将整
个庭园一览无余。正房部分的内部墙壁保持了方材连接板
外表的原态，客房则直接在连接板上贴上了土佐日本纸。
小厨房、厕所、淋浴室并行设置，居住者出入正房需要经

过露台，之间有一个洗露天浴的浴槽，盖上板子就可以做
屋外客厅的桌子。此处会有冰冷的强东北风吹过，所以壁
板上的防水纸用铆钉机进行了固定，铺设 30 mm 厚的聚
苯乙烯泡沫塑料，安装纵向排列的横条、杉木雨淋板。

　　　　　　　　　　　　　　　　（案例名称：那须町的住宅）

74

A 在构造上做文章，抽掉角柱。

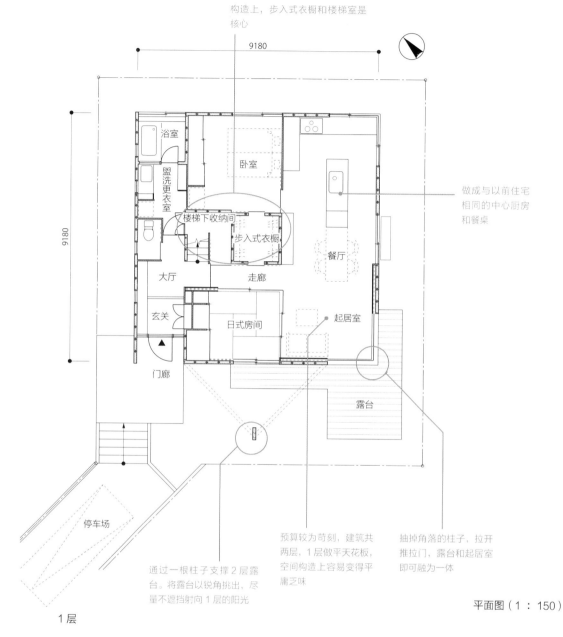

构造上，步入式衣橱和楼梯室是核心

9180

9180

做成与以前住宅相同的中心厨房和餐桌

浴室

卧室

盥洗更衣室

楼梯下收纳间

步入式衣橱

餐厅

大厅

走廊

玄关

日式房间

起居室

门廊

露台

停车场

1层

通过一根柱子支撑2层露台。将露台以锐角挑出，尽量不遮挡射向1层的阳光

预算较为苛刻，建筑共两层，1层做平天花板，空间构造上容易变得平庸乏味

抽掉角落的柱子，拉开推拉门，露台和起居室即可融为一体

平面图（1：150）

　　建两代人的住宅，预算是一个严峻的问题，同时，所需的面积也要比较宽敞。一般来讲，较为吃紧的预算都要看施工者怎么操作，而设计师能做的，最多只是通过单纯的布局，尽量去缩减装饰的成本。而最终做出的成果，往往是一些较为寒酸的空间。

　　这个事例中，材料费虽然较高，但却选用了层积材墙壁构造。这种建造法单价不高，需要将通常木造建筑中所用的层积材的梁竖直并排起来（最大尺寸为120 mm ×450 mm ×6000 mm），做成既是柱子又是墙壁的构造墙。

　　内外直接将价钱较贵的材料裸露在外，将控制

成本的主导权交还到设计师手中，以确保建造出的住宅看上去不会太廉价。墙壁优先构造和施工设置，由此一来，只要将兼行2层地板横木职能的托梁支撑材料——槽钢准确架起，通过计算就可得知，角落的柱子并不是必须的。接下来再抽掉1层、2层起居室东南方位的柱子，安装上推拉门，角落就形成了开放式布局。如上，就可以在吃紧的预算条件下，打造出富于娱乐性，又略具特色的空间。

（案例名称：真光寺町的住宅）

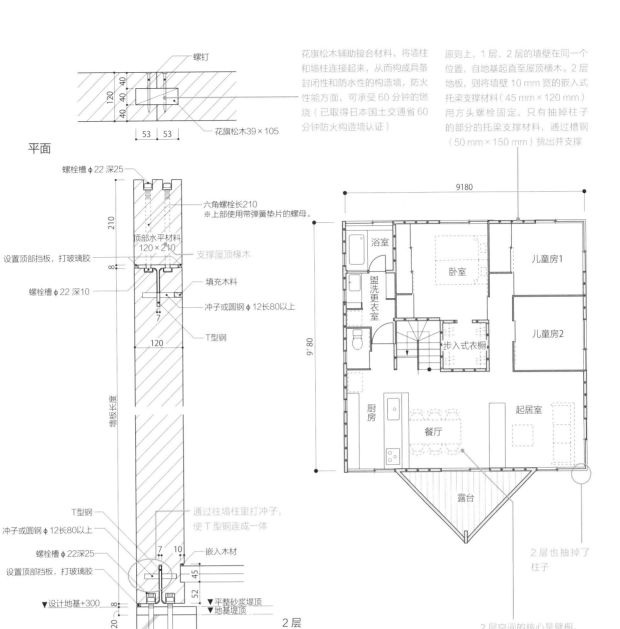

花旗松木39×105
螺钉

花旗松木辅助接合材料，将墙柱和墙柱连接起来，从而构成具备封闭性和防水性的构造墙，防火性能方面，可承受 60 分钟的燃烧（已取得日本国土交通省 60 分钟防火构造墙认证）

原则上，1 层、2 层的墙壁在同一个位置，自地基起直至屋顶横木。2 层地板，则将墙壁 10 mm 宽的嵌入式托梁支撑材料（45 mm×120 mm）用方头螺栓固定。只有抽掉柱子的部分的托梁支撑材料，通过槽钢（50 mm×150 mm）挑出并支撑

平面

螺栓槽φ22深25
六角螺栓长210
※上部使用带弹簧垫片的螺母。
210
顶部水平材料 120×210
设置顶部挡板，打玻璃胶
支撑屋顶椽木
8
螺栓槽φ22深10
填充木料
7
冲子或圆钢φ12长80以上
120
T型钢
墙板长度

T型钢
冲子或圆钢φ12长80以上
螺栓槽φ22深25
设置顶部挡板，打玻璃胶
▼设计地基+300
8
20
地基
六角螺栓长225
※下部带垫片
※上部使用带弹簧垫片的螺母

通过往墙柱里打冲子，使 T 型钢连成一体
7 10
嵌入木材
45
52
▼平整砂浆堤顶
▼地基堤顶
2 层

剖面

外部周边基本板结构图（1：10）

9180
9.80

浴室
卧室
儿童房1
盥洗更衣室
步入式衣橱
儿童房2
厨房
餐厅
起居室
露台

2 层也抽掉了柱子

2 层空间的核心是壁橱，为方形屋顶，所以天花板是有斜度的，形成的是有变化的空间

左 将 1 层起居室的推拉门关闭起来后的露台空间，内部外部形成一体相连的开放空间
右上 从 1 层餐厅看起居室的角窗
右下 通常露台和起居室由推拉门隔开

163

75

A 组建桁架，建造挑出3m的屋顶。

Q 如何不建柱子就在车棚上架屋顶？

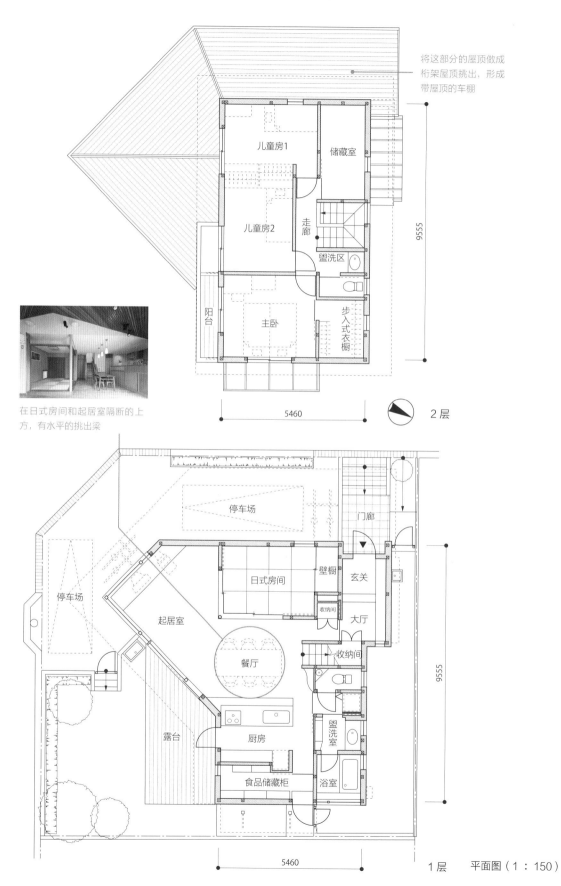

将这部分的屋顶做成桁架屋顶挑出，形成带屋顶的车棚

儿童房1

储藏室

儿童房2

走廊

盥洗区

阳台

主卧

步入式衣橱

在日式房间和起居室隔断的上方，有水平的挑出梁

9555

5460

2层

停车场

门廊

停车场

日式房间

壁橱

玄关

收纳间

大厅

起居室

收纳间

餐厅

厨房

盥洗室

食品储藏柜

浴室

露台

9555

5460

1层　　平面图（1：150）

披屋在车棚和玄关门廊上大幅度挑出

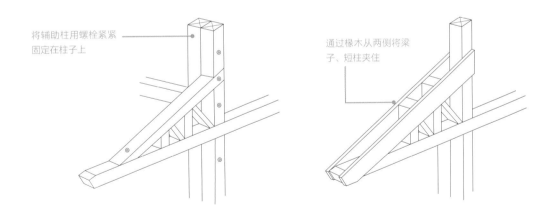

将辅助柱用螺栓紧紧
固定在柱子上

通过椽木从两侧将梁
子、短柱夹住

屋檐挑出多少一目了然

　　一般已做好的车棚屋顶都比较普通无趣。若是建在外部，则需要柱子，而柱子又需要一定的空间，最终会影响上下车。而且柱子又不能建在边界上，会影响到住宅的布局。

　　如果将车棚屋顶从住宅部分挑出，那么就不会有柱子影响到车辆停放、出入，车辆也就可以靠边界停放了。然后将挑出的屋顶，与带斜度的椽子或椽条，以及自住宅挑出的水平横木前端相接，与住宅内的柱子构成一个三角形桁架结构。只有一个车位的宽度，那么桁架结构的材料则只需要边长105 mm的方材即可。

（案例名称：六实的住宅）

76

A **檐椽采用钢筋，建大斜面天花板。**

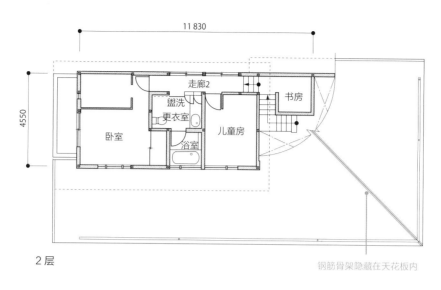

11 830

4550

走廊2

盥洗
更衣室

书房

卧室

浴室

儿童房

2层

钢筋骨架隐藏在天花板内

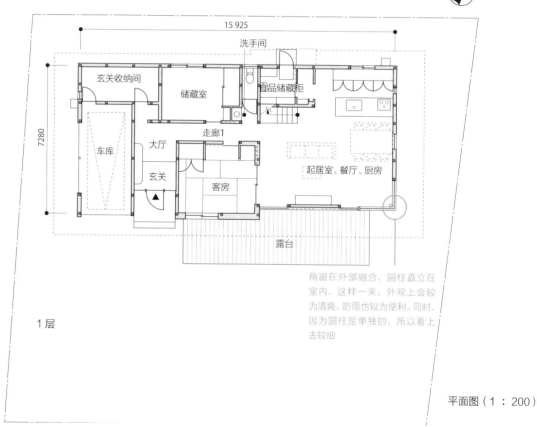

15 925

洗手间

7280

玄关收纳间

储藏室

食品储藏柜

车库

大厅

走廊1

玄关

起居室、餐厅、厨房

客房

露台

1层

角窗在外部融合，圆柱鼎立在室内，这样一来，外观上会较为清爽，防雨也较为便利。同时，因为圆柱是单独的，所以看上去较细

平面图（1：200）

若是木造建筑，则用一般建材建成的空间约有 3.6 m 宽，容易形成常见的木造空间容量。略显不足，因此会设置挑空，但要想使之看上去更加像平房，压低披屋檐头线条，也比较难以实现。

屋顶两个方向的斜面垂直相交，做成如一分为二的形状，然后用钢筋骨架支撑其下部空间，从而打造出没有柱子的广阔的斜面天花板空间。由此一来，即可形成一个虽然是木造结构，但却拥有超出木造结构容量的空间，独具特色。

而且，楼梯设置在了檐椽最高的地方，空间中即会产生上下动的视角，即便斜面屋顶的较高部分接近两层建筑，也可以形成没有压迫感的平房形态，因为从外观上来看，披屋的屋顶檐头较低，而且是水平的。

（案例名称：相模原的住宅）

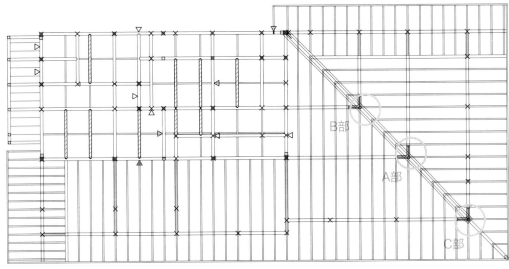

螺栓 M12 通过 @910 嵌入 H 型钢，
顶部用聚氨酯泡沫包裹

2 层地板俯视图（1：150）

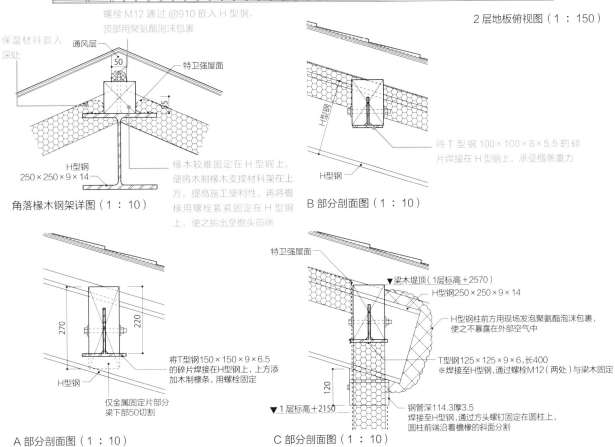

保温材料嵌入
深处

通风层

特卫强屋面

50

55

H型钢
250×250×9×14

角落椽木钢架详图（1：10）

椽木较难固定在 H 型钢上，
便将木制椽木支撑材料架在上
方，提高施工便利性。再将檐
椽用螺栓紧紧固定在 H 型钢
上，使之挑出至檐头前端

H型钢

H型钢

将 T 型钢 100×100×8×5.5 的碎
片焊接在 H 型钢上，承受檐条重力

B 部分剖面图（1：10）

270

220

H型钢

仅金属固定片部分
梁下部50切割

将T型钢150×150×9×6.5
的碎片焊接在H型钢上，上方添
加木制檩条，用螺栓固定

A 部分剖面图（1：10）

特卫强屋面

▼梁木堤顶（1层标高＋2570）

H型钢250×250×9×14

H型钢柱前方用现场发泡聚氨酯泡沫包裹，
使之不暴露在外部空气中

T型钢125×125×9×6，长400
※焊接至H型钢，通过螺栓M12（两处）与梁木固定

120

▼1层标高＋2150

钢管深114.3厚3.5
焊接至H型钢，通过方头螺钉固定在圆柱上，
圆柱前端沿着檐椽的斜面分割

C 部分剖面图（1：10）

餐厅的角落椽木下部。在天花板外围墙边，
嵌入间接照明盒，以及在开口部上方通过小
窄板藏起来的百叶窗匣

钢筋骨架的角落椽木造出的大空间。食品储
藏柜的墙壁高度与书房角落的扶手保持一致，
以减轻墙壁的压迫感

将裙屋的轴线做成水平狭长的平房风格，墙
壁、屋顶天花板、破风板全部统一刷成白色。
屋檐雨水管做成隐藏式

77

A 做中空的层积材，将檩条隐藏在中空部分。

Q 在同一个平面？如何使内部天花板与屋檐天花板

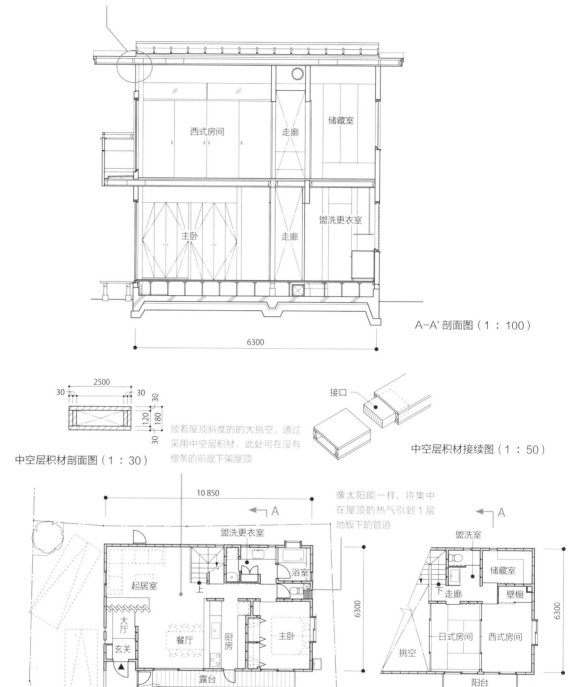

做出了没有檩条的天花板面，因此，内部天花板便直接与外部屋檐天花板相连

西式房间

走廊

储藏室

主卧

走廊

盥洗更衣室

A-A' 剖面图（1：100）

6300

2500

30   30

30
120
180
30

中空层积材剖面图（1：30）

顺着屋顶斜度的的大挑空。通过采用中空层积材，此处可在没有檩条的前提下架屋顶

接口

中空层积材接续图（1：50）

10 850

盥洗更衣室

像太阳能一样，将集中在屋顶的热气引到 1 层地板下的管道

A

A

起居室

大厅

玄关

餐厅

厨房

主卧

浴室

6300

露台

上

上

A'

1 层

盥洗室

储藏室

走廊

壁橱

挑空

日式房间

西式房间

6300

阳台

5400

A

A'

2 层

平面图（1：200）

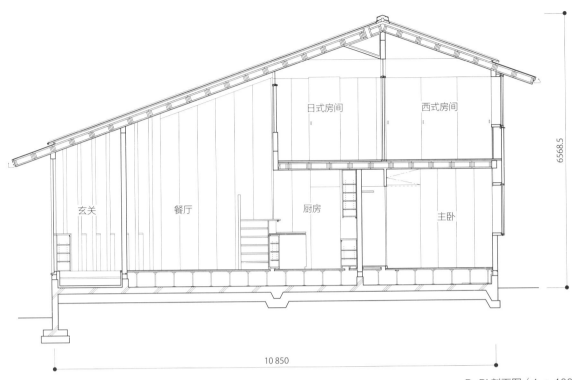

日式房间　西式房间

玄关　餐厅　厨房　主卧

6568.5

10 850

B-B' 剖面图（1：100）

室内天花板与屋檐天花板是连在一起的，一扇透明的玻璃门将内外隔开。在玻璃门正上方的中空层积材的中空部分，120 mm×120 mm 的檩条像椽条一样隐藏在内

屋檐天花板与室内天花板是相连的

在约 5.4 m 的跨距下，若用一般的椽木（105 mm×45 mm）架屋顶，则中部需要檩条。若要将檩条隐藏起来，天花板内部空间就会变大，内部天花板面和仅有椽木挑出的屋檐天花板之间，就会产生高度差。若想隐藏檩条做成统一样态，檐头的破风板就需要有 300 ~ 400 mm 厚，整个屋顶就会看起来很笨重。

为将它缩短到较为轻便的 180 mm，压薄天花板内部空间，在 120 mm 宽的椽木上下接续 30 mm 厚的板子，

做成中空的层积材。然后用螺栓等固定，做成木制屋顶板，横木宽 5.4 m。支撑开口部屋顶板的横木也在中空板中嵌入平角的横木，将上下的板子隐藏。由此一来，2 层格窗的玻璃便会与屋顶板直接相连，室内天花板也会与屋檐天花板形成一个平面。

（案例名称：盐山的住宅）

169

78

A 将嵌入墙壁的桁架墙挑出进行建造。

Q 如何在没有柱子的情况下建大阳台？

通过推拉门隔开
小钢琴室

8190

钢琴区　　浴室

两侧均添加标准尺寸的
窗框，剩余的部分安装
封闭窗

盥洗更衣室

起居室

8190

阳台　餐厅

厨房

2 层

阳台

门廊

主卧

玄关

8190

壁橱

阳台　儿童房　收纳室

1 层

楼梯下部挡板采用扁钢，仅有踏板，
可将外墙开口的光线引向走廊

车库　　储物柜

8190

北西侧外观。左侧看到的直通 2 层的
纵长开口部分为楼梯室。来自此处的
光可照亮中部走廊

地下层

平面图（1 : 200）

　　扶手墙的高度，算上地板内部的空间，
约高 1 m、长 3 m 左右的挑梁，可以做成
强度足够的桁架墙。将这个扶手墙沿着外
墙，嵌入墙内约 2.7 m 深，仿佛垂直相交
一般，自南侧和西侧的外墙挑出，与前端
相接，便可以支撑起 4.5 张草席大小（约
7.5 m² ）的阳台。

（案例名称：鹭宫的住宅）

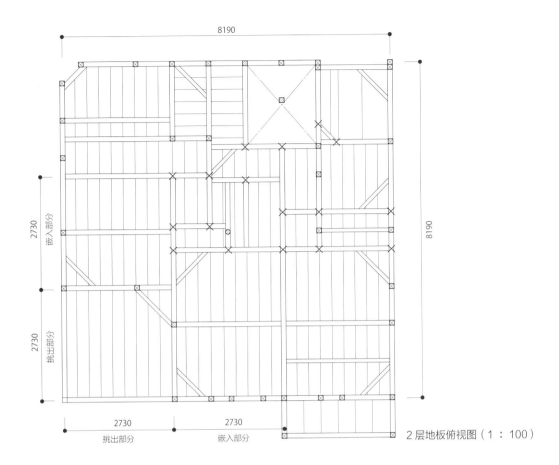

8190

嵌入部分 2730

挑出部分 2730

2730 挑出部分

2730 嵌入部分

8190

2 层地板俯视图（1：100）

阳台设置在周边唯一开放的方向。不用担心外部的视线，扶手墙的高度与餐桌相同，均为 700 mm，以突出开放感，上方设置有铝制扶手

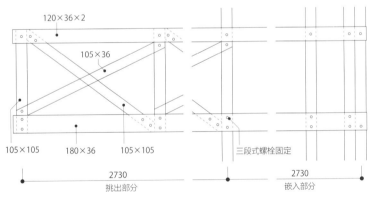

120×36×2

105×36

120 mm×36 mm 的两根一组的组合梁，将短柱、柱子、斜柱夹在其中。润饰方面，铺设 12 mm 宽的胶合板、铁丝网、砂浆基底，粗糙凹凸表面

105×105   180×36   105×105

三段式螺栓固定

2730 挑出部分

2730 嵌入部分

扶手桁架详图（1：80）

从起居室看餐厅、阳台方向。面向阳台的开口，由标准尺寸的推拉门和封闭窗构成

西南侧的挑出阳台。使桁架扶手墙自两侧墙壁挑出，形成一个没有柱子的约 7.5 m² 大的阳台

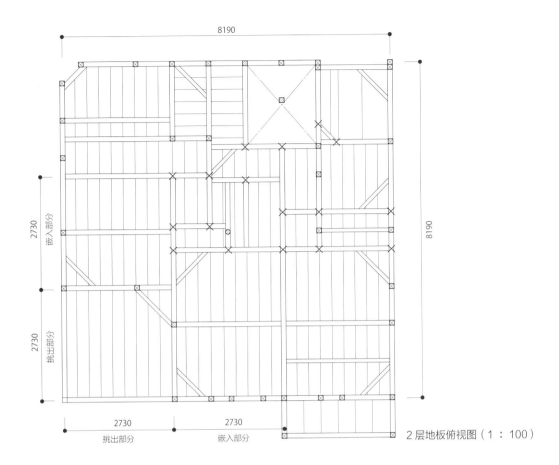

79

A 雨水、紫外线、尘土、砂石、盐和苔藓会改变住宅的颜色。

Q 海边的白色小家能否美丽持久？

最初，谁都想设计一个单坡的、没有屋檐的、简单的白色住宅。如果可以看到，连屋顶都想做成白色的。只要外墙是花砖等有持久性、不易变色的材料应该就没有问题。若是给别墅涂刷板壁，那就难免暴露在风雨中，尘土会附着在细微的凹凸上，雨水由此渗入，之后便会长出青霉或青苔，从而带上些许绿色。另外，若屋顶是科洛尼亚式等石棉瓦修葺，尘土、沙土会附着在表面，最后还是会有霉菌和青苔长出，发生超乎想象的变色现象。

案例中的住宅仅有变色，如果是缓坡的斜屋顶，那么附着在石棉瓦重叠部分缝隙中的尘土经风吹动，降雨时的水分就会在表面张力的作用下，一起渗入更深处。水分接触到固定石棉瓦的钉子，通过钉子经过油毡，到达屋顶板。渗入胶合板的水分会接触到黏合剂，弱化黏合力，导致板子破烂，如果屋顶的坚固性是通过屋顶板来完成的，它同样会使之失去作用。那么金属屋顶是不是不用担心漏水的问题？金属屋顶在阳光照射下会升温，风一吹或者夜晚温度下降之后，又会冷却，其内部会出现结露现象。结露的水分进入钉孔，最终也会引发同样的现象。

那么也许会有人问是不是瓦片屋顶就没问题了，其实瓦片也潜藏着漏水的危险。一块块的瓦片叠加在一起，期间必然会产生非常多的空隙，雨水会和风一起吹进来，这是必须要思考到的问题。但是瓦片有自身的优势，耐久性自不必说，夏季在遮挡热空气、通风方面也是有着良好的效果的。当然，叠加之间处处是空隙，雨水吹进，将雨水收在其中，然后引流到外部，这就是防漏水技巧。要让瓦栈浮起来，有一个有效的方法——在下面垂直相交处设置一个流动栈。没有流动栈，吹进来的雨水就会滞留在瓦栈，入侵固定瓦栈的钉孔，透过防水纸，腐蚀屋顶板。

这种漏水现象是会长期发生的，对于委托人来说，这是一个棘手的问题。所以，对嵌入防露材料的钢板、杉木望板、流动栈等的使用，以及屋顶斜度等问题才需要被重视起来。

（案例名称：东浪见的住宅）

竣工时，利用用地的高度差建了游泳池，水是井水

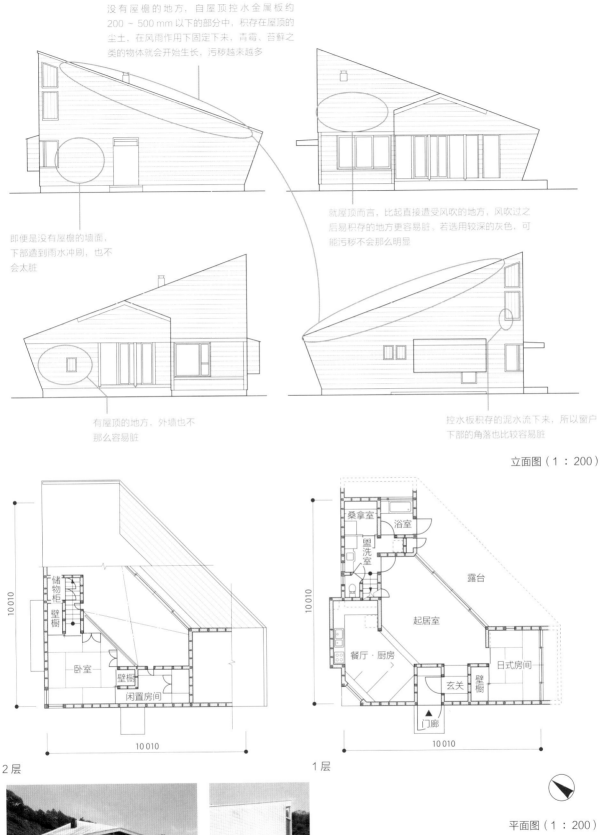

没有屋檐的地方，自屋顶控水金属板约200～500 mm以下的部分中，积存在屋顶的尘土，在风雨作用下固定下来，青霉、苔藓之类的物体就会开始生长，污秽越来越多

即便是没有屋檐的墙面，下部遭到雨水冲刷，也不会太脏

就屋顶而言，比起直接遭受风吹的地方，风吹过之后易积存的地方更容易脏。若选用较深的灰色，可能污秽不会那么明显

有屋顶的地方，外墙也不那么容易脏

控水板积存的泥水流下来，所以窗户下部的角落也比较容易脏

立面图（1：200）

2层

1层

平面图（1：200）

竣工20年后。屋顶遭受沙土污染，墙壁也长满青霉、苔藓

80

A 通过防水纸和钢筋骨架防漏水防崩塌。

Q 木造住宅如何建安全的砖砌外墙？

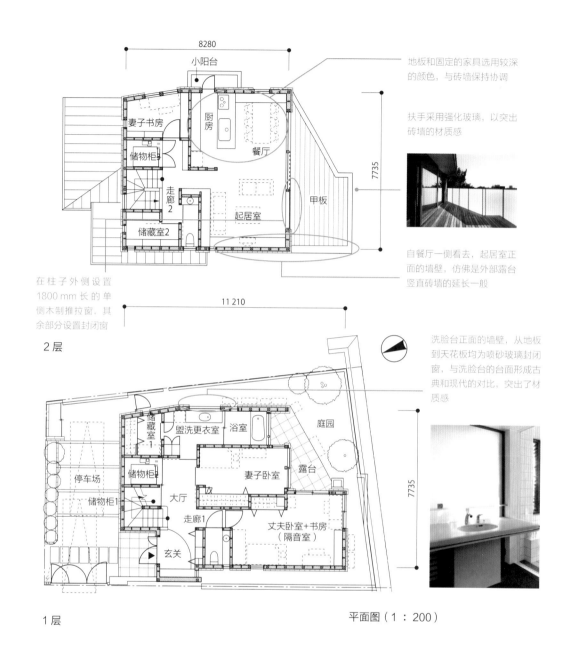

8280

小阳台

厨房

妻子书房

餐厅

储物柜

甲板

走廊2

起居室

储藏室2

7735

2层

地板和固定的家具选用较深的颜色，与砖墙保持协调

扶手采用强化玻璃，以突出砖墙的材质感

自餐厅一侧看去，起居室正面的墙壁，仿佛是外部露台竖直砖墙的延长一般

在柱子外侧设置1800 mm长的单侧木制推拉窗，其余部分设置封闭窗

11 210

储藏室1

盥洗更衣室

浴室

庭园

停车场

储物柜

大厅

露台

储物柜1

妻子卧室

走廊1

玄关

丈夫卧室+书房（隔音室）

7735

1层

平面图（1：200）

洗脸台正面的墙壁，从地板到天花板均为喷砂玻璃封闭窗，与洗脸台的台面形成古典和现代的对比，突出了材质感

　　真正的砖材质感比较独特，其他材料无可比拟。但是若要按原本大小将砖嵌入木造住宅中，那么防水处理必须要想好对策，防止砖头外墙崩塌以及产生风化现象。日本关东地区曾有一段时间非常流行砖造住宅，但之后却频现漏水事故，所以这种住宅最近已经看不到了。

　　案例中，木造住宅的保温材料外侧贴有防水纸，外部是砖，砖与接缝中的钢筋在 450 mm 螺距下通过金属物悬挂固定在木造结构上，以防止漏水和崩塌。墙壁上部有屋檐和金属板，可防止雨水入侵砖的接缝中，避免产生风化现象。

　　外墙为砖墙，与露台的玻璃扶手、盥洗室的玻璃墙、木制窗框等材料形成鲜明的对比，使住宅既有古典韵味，又不失现代感。

（案例名称：北之馆）

通过与清水混凝土围墙的对比，突出砖砌墙

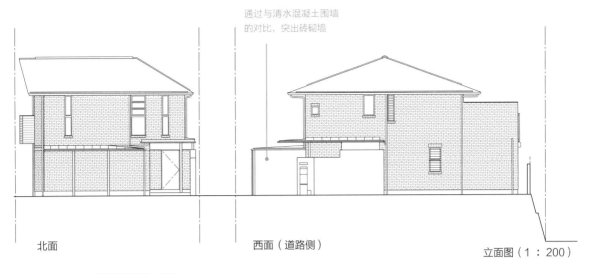

北面 　　西面（道路侧） 　　立面图（1：200）

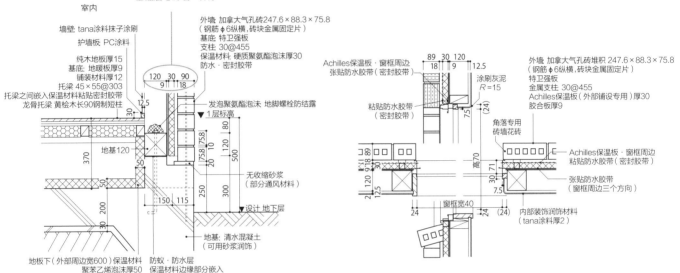

基础层与砖墙一样厚

室内

墙壁 tana涂料抹子涂刷
护墙板 PC涂料
纯木地板厚15
基底：地暖板厚9
铺装材料厚12
托梁 45×55@303
托梁之间嵌入保温材料粘贴密封胶带
龙骨托梁 黄桧木长90钢制短柱

外墙 加拿大气孔砖247.6×88.3×75.8
（钢筋φ6纵横，砖块金属固定片）
基底 特卫强板
支柱 30@455
保温材料 硬质聚氨酯泡沫厚30
防水·密封胶带

发泡聚氨酯泡沫 地脚螺栓防结露

▼1层标高

无收缩砂浆
（部分通风材料）

▼设计地下层

地基 120
50
50
370
200
30
150　115
250　300

地基：清水混凝土
（可用砂浆润饰）

地板下（外部周边宽600）保温材料
聚苯乙烯泡沫厚50

防蚁·防水层
保温材料边缘部分嵌入

地基周边详图（1：20）

外墙 加拿大气孔砖堆积 247.6×88.3×75.8
（钢筋φ6纵横，砖块金属固定片）
特卫强板
金属支柱 30@455
Achilles保温板（外部铺设专用）厚30
胶合板厚9

Achilles保温板·窗框周边
张贴防水胶带（密封胶带）

涂刷灰泥
R=15

粘贴防水胶带
（密封胶带）

角落专用
砖墙花砖

Achilles保温板·窗框周边
粘贴防水胶带（密封胶带）

张贴防水胶带
（窗框周边三个方向）

内部装饰润饰材料
（tana涂料厚2）

窗框宽40

普通窗框周边详图（1：20）

室内外的砖墙相连，起居室的墙壁也做成砖墙，突出古典氛围

玄关门廊的屋顶也水平挑出，给人
一种明治时期西式建筑的感觉

81

A 每隔几年就要重新涂刷。

Q 没有屋檐，木制外墙将会怎样？

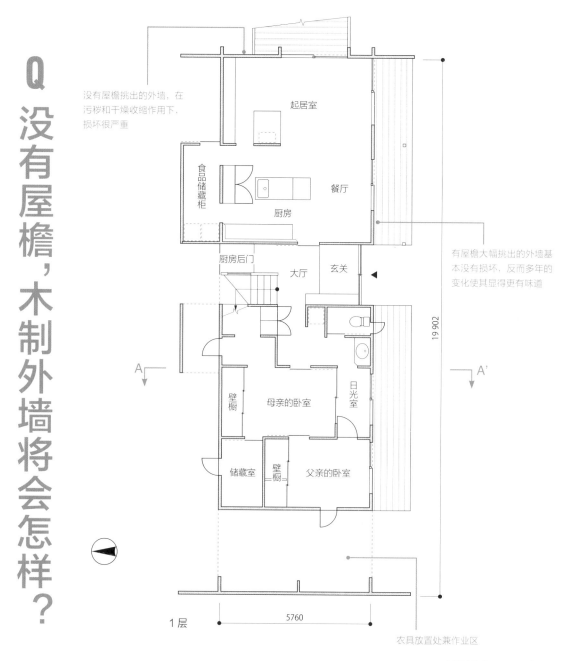

没有屋檐挑出的外墙，在污秽和干燥收缩作用下，损坏很严重

起居室

食品储藏柜

餐厅

厨房

厨房后门

大厅

玄关

有屋檐大幅挑出的外墙基本没有损坏，反而多年的变化使其显得更有味道

19 902

A

A'

壁橱

母亲的卧室

日光室

储藏室

壁橱

父亲的卧室

1层

5760

农具放置处兼作业区

平面图（1：150）

　　没有屋檐的外墙，木制部分在雨水的冲刷下，几年时间就会遭到损伤。这栋住宅从构造上来讲，是将宽600 mm、厚90 mm的大块层积材，经辅助接合材料竖直排列起来的。外部的木制部分，如果遭到损伤，就必须更换板子。

　　南侧和北侧有长1.3 m左右的屋檐挑出，也是出于设计上的考虑，东西侧没有任何挑出，那么没有挑出的地方就会遭受雨水冲刷。对比一看，遭受损伤的程度有很大的差别。雨水浸润，随后干燥，重复收缩膨胀，接下来再遭受日光直射，暴露在紫外线之下，损坏相当之大。而有屋檐挑出的部分，除非有台风，否则基本不会被打湿，基本没有损坏。

　　也是因为每坪的单价这个条件，所以才选用了将大块层积材堆积即告完工这种从来未有过的建造方式。出于能

东侧没有屋檐挑出的木制外墙，损坏严重

南北侧屋檐挑出，未遭到污染

浴室。身体可以完全裸露于腰墙之上，可能是由于适度的湿气的影响，此处并没有出现没有屋檐的外墙那样的损坏，颜色保持得较为鲜艳

即使是有阳台挑出的扶手墙，遭到雨水冲刷的地方也会形成较严重的损坏

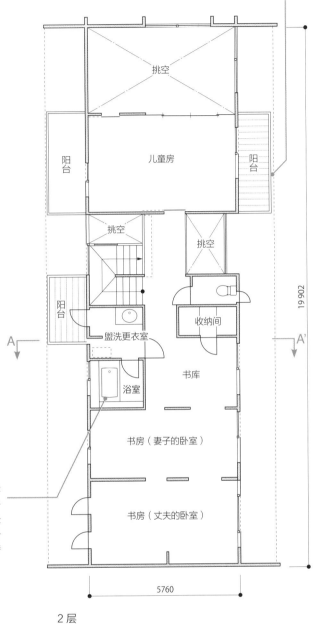

挑空

阳台 儿童房 阳台

挑空

挑空

阳台

盥洗更衣室 收纳间

浴室 书库

书房（妻子的卧室）

书房（丈夫的卧室）

19 902

5760

2 层

南北挑出 1.3 m 左右的屋檐，保护外墙不受风雨侵害

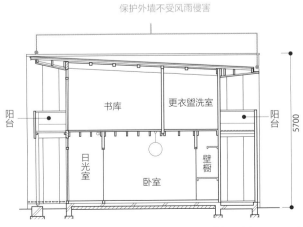

阳台 书库 更衣盥洗室 阳台

日光室 卧室 壁橱

5700

A-A' 剖面图（1：150）

省则省的原则，也是因为想让形态看上去更清爽，同时考虑到损坏的问题，才没有让东西向的屋檐挑出。委托人是在日本地方自治团体修缮管理科工作的人，外墙的涂刷可以自己轻松完成。他每过几年重刷一次，所以最终也没有形成太严重的损伤。但是一层一层往上刷，最后颜色变得越来越浓。

（案例名称：大原的住宅）

82

A 使用自然材料突出厚重感。

Q 如何打造一个厚重又沉稳的空间？

上　隔着餐厅看起居室。光自天窗落下，灰泥墙会展现出多种多样的表情。正面的墙壁铺设缺角的石头，与粉刷墙形成对比，突出材质感
下左　餐厅。形成一个令人印象深刻的挑空
下右　踏板的一侧支撑在墙壁中，另一侧，由扁钢下部挡板和扶手组成的桁架支撑

　　最近，白色轻快空间的住宅越来越多。的确，白色空间较为抽象，居住人可以根据自己的喜好自由添加色彩。但与此同时，也极易让空间形成一种浮华的印象，即便可以将形状所拥有的人工妙趣表现出来，也难免让自然携带的复杂之感和厚重感趋于匮乏。为了避免这个问题，就出现了一个倾向——将木梁外露，给空间做点缀。空间若包围在自然质感的素材中，虽存在给人留下古板印象的风险，但也可以酝酿出更独特的氛围，这种氛围中，包含着

人工材料无法表现出的诉求力。

　　这栋住宅是灰泥墙，灰泥中掺入颜料以及砂石等大颗粒骨料，形成砂浆，再用刷子将砂浆涂刷上去，上面再甩上去些许混有银粉、金粉的彩色砂石，一边观察干燥的情况，一边用毛刷拉横线涂刷，在表面做出波状纹理。用毛刷刷一遍已固定的楼梯，砂浆内部的骨料，银粉、金粉就会显露出来，形成一种自然的格调。这种做法的灵感来自于奈良的老土墙。若固定之前用毛刷刷，骨料就会被包在砂浆

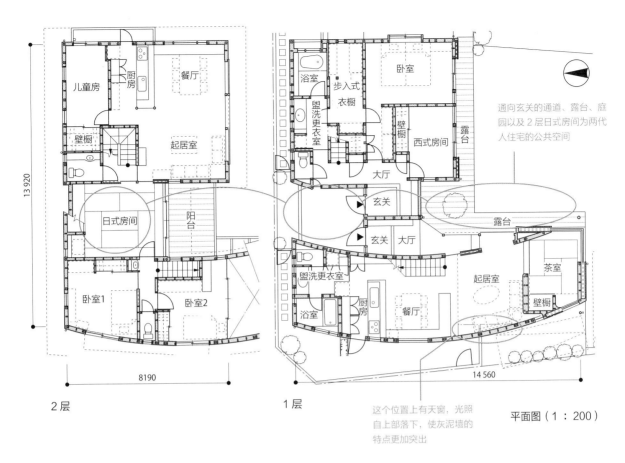

13 920

8190

2层

14 560

1层

通向玄关的通道、露台、庭园以及2层日式房间为两代人住宅的公共空间

这个位置上有天窗，光照自上部落下，使灰泥墙的特点更加突出

平面图（1：200）

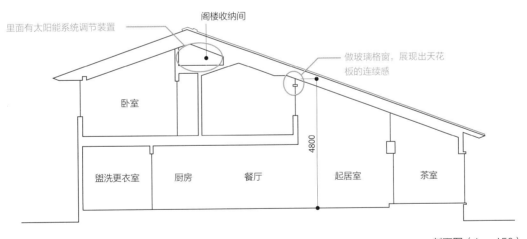

里面有太阳能系统调节装置

阁楼收纳间

做玻璃格窗，展现出天花板的连续感

4800

剖面图（1：150）

中，永远隐藏起来；若太固定，又会被刷掉。有骨料质感的作用，同时表面是波状的凹凸状，所以，光照从天窗落下，墙壁的色调和质感会发生变化，从而形成多样的表情。

一面墙壁特意铺设了稍微缺角的自然石块，与灰泥墙形成对比，以突出墙壁的自然感。而西面墙壁的开口部只有一个像把餐桌前的墙壁打穿一样的圆窗，以突出挑空的高度。较低的餐厅天花板上，铺设了花旗松木露台，以突出材料的多样性。东侧，楼梯的下部挡板，与扁钢形成一个角度组合在一起，与扶手连为一体，下部挡板之上，设

置了仅架着水曲柳木踏板的镂空楼梯，这个踏板强调延长的装饰架的水平线条，自灰泥墙挑出。

（案例名称：福生长屋门）

83

A 摒弃石膏板，采用小窄板吸声。

Q 如何控制生活中的各种声音？

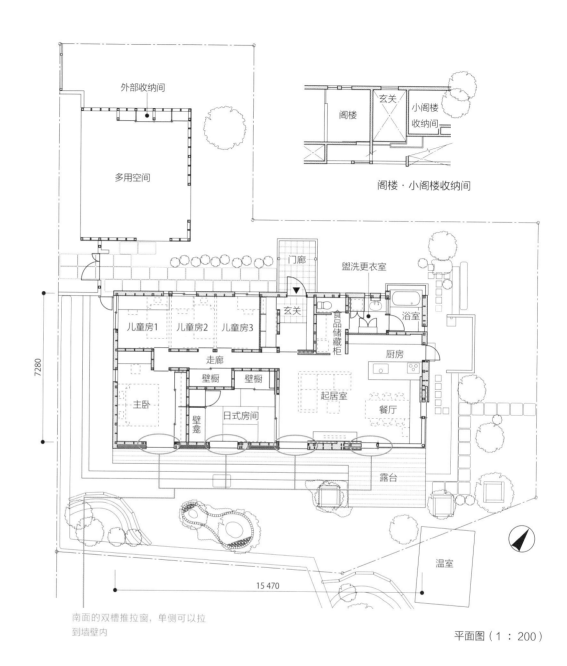

阁楼·小阁楼收纳间

南面的双槽推拉窗，单侧可以拉
到墙壁内

平面图（1：200）

　　现代住宅中，多使用吸声效果良好的内饰材料代替地板，如榻榻米；墙壁、天花板多使用反射声音的材料，如石膏板。但即便如此，在一个大房间的室内，发声的要素却是在不断增加的，如孩子们玩耍的声音、电视声、游戏机、CD机声、厨房里洗东西的声音等。倒是可以选择铺地毯，但是地毯又容易生螨虫，不易打扫，所以这种选择多半还是会避开的。另外还有一个担心：看电视的时候，回声会导致声音不清晰，于是不断加大电视音量，结果导致回声更大，最后可能会使人心烦意乱、情绪不安。

　　案例中，天花板下部横木上用铆钉机固定着不织布，上方将宽40 mm、厚10 mm的小窄板设置在10 mm左右的缝隙中，自板子一侧起，不规则地用暗钉钉住，天花板内装有吸声材料。效果上虽然达不到录音室的水平，但比起满是板子的房间，吸声效果还是较为明显的。

从吸声效果来看，可在小窄板天花板内加入 Perfect Barrier（一种树脂保温材料），100～200 mm 厚，效果更佳。但是，若是两层建筑，小窄板天花板容易将 2 层地板的震动声传递过来，需要注意。若将斜屋顶做成小窄板天花板，较容易进入视野中，设计上的效果也会加倍。若是角落橡木的天花板，垂直相交部分的精致就会显露出来，从而使住宅更加美丽

天花板高的大空间天花板若用石膏板和布料来润饰，房间的回声会增大，小窄板天花板可将其弱化

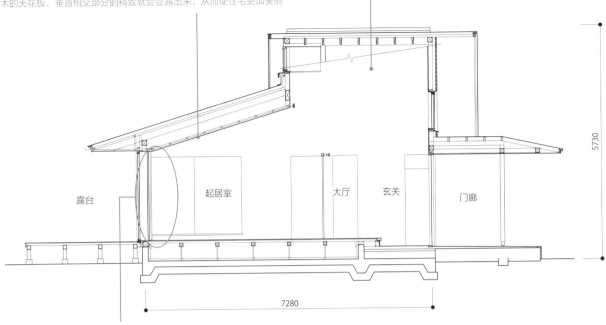

剖面图（1：100）

开口部的天花板高 2200 mm，从此处起，斜面天花板逐渐升高，室内不会感觉低矮，且刚好小窄板天花板可以进入视线内，看上去较为美观。此外，从外部看来，2200 mm 高的屋檐不会太高，屋顶会给人一种较为沉稳的感觉

日式房间的壁龛所处的位置是起居室、餐厅的一个整体象征

从日式房间，隔着起居室、餐厅，看小窄板天花板最漂亮的角窗。拉窗的横木是看不到的，一直延续到屋檐内侧

　　小窄板是一个极为便利的设计要素，它可以做封闭窗的窗框固定材料，可以做推拉门上方的横木，还可以做百叶帘的堆积口。将它自室内一直铺设到檐头，若窗户是固定式，房间就会看起来仿佛延长了一般，更加宽敞。屋檐天花板的小窄板的缝隙，就是屋顶防热通风层的吸入口。但是，小窄板天花板容易让上下的声音穿透进来，所以隔声处理也不容忽视。

（案例名称：北上尾的住宅）

南侧外观。光照从歇山顶屋顶的高侧窗照射至中部走廊

84

A 巧妙运用FRP格栅板或喷砂玻璃。

Q 使用何种材料，才能在不设隔断的情况下，让人仅仅看到想看到的事物？

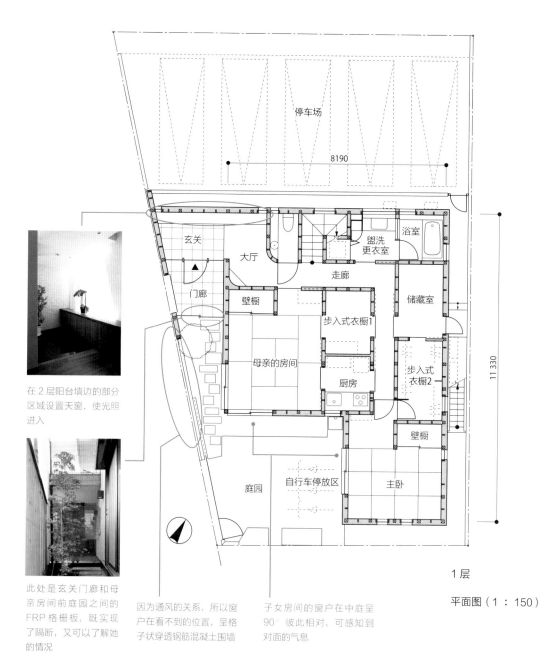

停车场

8190

玄关

门廊

大厅

走廊

盥洗更衣室

浴室

壁橱

步入式衣橱1

储藏室

母亲的房间

厨房

步入式衣橱2

壁橱

庭园

自行车停放区

主卧

11330

1层

平面图（1：150）

在2层阳台墙边的部分区域设置天窗，使光照进入

此处是玄关门廊和母亲房间前庭园之间的FRP格栅板，既实现了隔断，又可以了解她的情况

因为通风的关系，所以窗户在看不到的位置，呈格子状穿透钢筋混凝土围墙

子女房间的窗户在中庭呈90°彼此相对，可感知到对面的气息

很多两代人住宅是这样的情况：仅有单亲，厨房双方各自一个。如果厨房也共用，形成完全同住的状况，相应的处理方法也是有的，但若是分开，就需要注意在尊重他/她的独立性的同时，也可随时了解他/她的情况。

在这栋住宅中，母亲房间前的小庭园与玄关门廊相邻，隔断墙使其他人可以看到其中的状况，但同时又能保护母亲的隐私，通过FRP的格栅板遮挡起来。2层阳台墙边的地板设置开口做成天窗，使光照进入，以便将玄关的鞋柜当成壁挂式装饰架来使用，使之更加突出。起居室深处的榻榻米室前端，做成象征性的反光墙，按西式壁龛的风格特征形成方向性。2层露台的扶手也是由喷砂玻璃构成的。

（案例名称：大田区的住宅）

上部是视野开阔的大封闭窗，下部是通风的小推拉窗。除了窗户之外，其他许多地方都使用的是玻璃，如露台的扶手，晚上会有一种如行灯般的效果

浴室设置在1层，方便父母使用，2层设置淋浴室

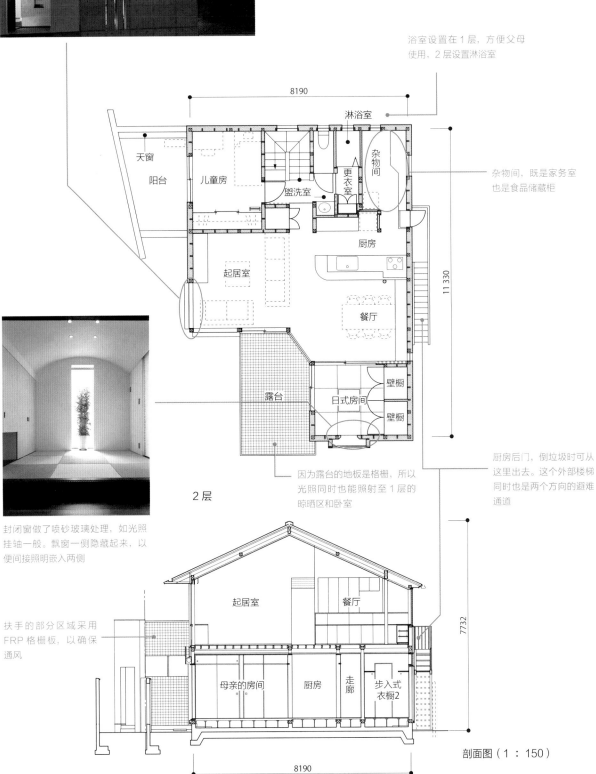

杂物间，既是家务室也是食品储藏柜

因为露台的地板是格栅，所以光照同时也能照射至1层的晾晒区和卧室

2层

封闭窗做了喷砂玻璃处理，如光照挂轴一般。飘窗一侧隐藏起来，以便间接照明嵌入两侧

厨房后门，倒垃圾时可从这里出去。这个外部楼梯同时也是两个方向的避难通道

扶手的部分区域采用FRP格栅板，以确保通风

剖面图（1∶150）

结语

住宅设计是一个有梦想并充满挑战的工作。每一次设计都是独一无二的，我们不仅需要克服各种用地限制，还要为委托人建造美丽而舒适的住宅。住宅设计的理想状态与现实条件之间会产生各种矛盾，而如何克服这些矛盾正是住宅设计的趣味性和难点所在。

85

住宅设计的趣味性和难点

前述内容将各住宅的特色部分的设计手法作了总结。接下来，将设计时的一些构想进行全面阐述。

一开始看到用地的时候，我丝毫不考虑设计条件等问题，一心只想挖掘这块土地的特征以及潜在可能性。找到一些潜在可能性之后，我就会开始想象，将这些可能性优化提高之后，建造出的建筑物是什么样的，然后凭着直觉（其中不乏矛盾之处），第二天就开始尝试做设计规划。

几天后，我便将这个规划放开（使之趋于成熟），其间忽略最开始那个规划，在住宅调查的条件、要求的基础上，根据每一个规划因素，做理想状态的假想规划（或者说虚构）。然后将这个理想规划根据每一个因素，一点点画在一张纸上（草图）。影响因素有："日照和用地的法规规范""道路与隐私、车棚以及通道与各庭园的位置和数量""预算和家庭成员人数以及所需的每个房间面积""起居室、餐厅等重要房间的理想位置""规划主题的特征""新颖又美观的样态"等。

写写画画的过程中，每个因素的理想状态与其他的理想之间会产生一些矛盾，接下来我要做的就是一个个去克服这些矛盾。克服方法有："怎样做才能消解矛盾，或者说是否可以调整""这个高度是否可以果断忽略""是否要寻找没有矛盾因素的新理想规划""这个问题能否通过技术解决""将预算考虑进去，并尝试去取得委托人的理解，这样是否能解决"等。也常会出现这样的情况：各部分的矛盾越来越小，问题总算解决，但是，因为细小的变更，隐藏的矛盾又开始显露出来，结果导致要做更大的变更。总而言之，"所谓设计，就是在让矛盾保持矛盾状态的同时，最后克服矛盾达到目的的一种技能"，矛盾存在是理所当然的，克服它的过程才是这个工作的趣味所在。

在此基础上，我再从"规划的特征（设计概念）""规整形态的美观""是否用到了一直限制自己不去用的手法""是否成功地将最初感知到的潜在可能性挖掘了出来"等视角出发，再进行整合，修正细节，实施规划。

这次选出的每一个住宅以及解决手法是否确切，我不敢说。因为虽说我是以规划因素的基本点为中心选出的，但是需要反省的地方很多，我认为有几处，对于这些反省，需要指出的问题不止这些，或者，也许其他住宅中使用的手法更加有效。能力有限，我只能做出这样的选择提示，拙文以及图示也是借用的他山之石，最后只能期待可挖掘出其中价值的读者，借用自己的解读能力和想象力，去攻破这块玉了。

听说最近想在住宅设计事务所就职的学生越来越少了。可能是因为我们无法告诉年轻人，住宅设计是一个有梦想的职业。住宅设计其实是很有趣的，可以做很多事情，其中有些事情，甚至可以与社会政策挂钩，我曾想过，这样的观点是否可以通过现实中的工作传达出去，这也是我汇总整理这本书的动机之一。

建筑，特别是在住宅设计中，我最初的想法随着与诸多人的相遇慢慢发生改变，最后回归现实中。包括这次列举的建筑，之所以能形成现在这个状态，很多地方都是因为经过了与当时的委托人、土木工程公司的负责人、工匠以及当时事务所的工作人员的交流沟通。我所做的，就只有最初的构想和方向性，然后就是各处的查漏补缺，达到最终目的。如果说这些建筑在质量和外观上有可赞之处，那么它大部分都归功于与之相关的成员的贡献和努力，这次我将这些住宅提取出来，有必要再次对各位工作人员以及相关人士表示感谢。

建事务所的时候，我丝毫没有想把自己的名号挂上去，大家为了一个共同的事业聚到一起，共同完成一项工作，这叫"结"，它是很早以前就存在的一个合作集团的通称，我将其借用。包括这次这本书也是一样的道理，一个设计师最初的突发奇想，终究是有局限性的，在与编辑的交流沟通中，书籍才慢慢得以充实，不断扩展升级。各位编辑为了从一栋一栋的住宅中挖掘出价值和意义，付出了长期的努力，在此，我对大家表示由衷的感谢。

藤原昭夫

刊登建筑物概要

第 1 章

1. 真间川的住宅
用地面积: 142.86 ㎡
建筑面积: 111.4 ㎡
结构规模: 木造（部分钢筋构造）
共两层
竣工时间: 2005 年

2. 镰仓的住宅
用地面积: 118.63 ㎡
建筑面积: 115.37 ㎡
结构规模: 木造两层建筑
竣工时间: 2009 年

3. 文京区的住宅
用地面积: 186.5 ㎡
建筑面积: 210.12 ㎡
结构规模: 木造两层建筑
竣工时间: 1998 年

4. 升龙木舍
用地面积: 666.14 ㎡
建筑面积: 156.46 ㎡
结构规模: 木造（层积材构造）
两层建筑
竣工时间: 2003 年

5. 北浦和的住宅
用地面积: 103.97 ㎡
建筑面积: 142.22 ㎡
结构规模: 木造三层建筑
竣工时间: 2005 年

6. 玉川学园家
用地面积: 161.46 ㎡
建筑面积: 120.9 ㎡
结构规模: 木造两层建筑
竣工时间: 2003 年

7. 方圆泛居
用地面积: 495.99 ㎡
建筑面积: 322.77 ㎡
结构规模: 木造（1 层钢筋混凝土构造）
两层建筑
竣工时间: 2009 年

8. 夷隅郡的住宅
用地面积: 231.43 ㎡
建筑面积: 108.11 ㎡
结构规模: 木造（层积材构造）
平房
竣工时间: 2003 年

9. 佐仓的住宅
用地面积: 288.75 ㎡
建筑面积: 166.04 ㎡
结构规模 钢筋混凝土构造两层建筑
竣工时间: 1992 年

10. 有音乐室的住宅
用地面积: 267.31 ㎡
建筑面积: 234.03 ㎡
结构规模: 木造 + 钢筋混凝土构造地下 1 层地上两层建筑
竣工时间: 2000 年

11. 圣迹樱之丘的住宅
用地面积: 320.73 ㎡
建筑面积: 108.18 ㎡
结构规模: 木造两层建筑
竣工时间: 2011 年

12. 八之崎的住宅
用地面积: 119.08 ㎡
建筑面积: 131.83 ㎡
结构规模: 钢筋混凝土构造地下一楼地上两层建筑
竣工时间: 1994 年

13. 永山的住宅
用地面积: 328.93 ㎡
建筑面积: 199.29 ㎡
结构规模: 木造（部分钢筋混凝土构造）两层建筑
竣工时间: 2011 年

14. 吉井町之家
用地面积: 347.2 ㎡
建筑面积: 201.34 ㎡
结构规模: 木造（部分钢筋混凝土构造）平房
竣工时间: 1999 年

15. 轻井泽的住宅
用地面积: 493.28 ㎡
建筑面积: 112.12 ㎡
结构规模: 钢筋混凝土构造（1 层）+木造（层积材构造 · 2 层）
竣工时间: 2003 年

第 2 章

16. 吴家
用地面积: 146.18 ㎡
建筑面积: 172.41 ㎡
结构规模: 钢筋混凝土构造三层建筑
竣工时间: 2001 年

17. 寄居的住宅
用地面积: 502.15 ㎡
建筑面积: 203.52 ㎡
结构规模: 木造两层建筑
竣工时间: 1995 年

18. 馆林的住宅
用地面积: 397.29 ㎡
建筑面积: 160.73 ㎡
结构规模: 钢筋混凝土构造（部分木造）两层建筑
竣工时间: 2009 年

19. 碑文谷的住宅
用地面积: 106.58 ㎡
建筑面积: 153.08 ㎡
结构规模: 木造（部分钢筋混凝土构造）地下 1 层地上两层建筑
竣工时间: 1998 年

20. 伊豆的住宅
用地面积: 444.67 ㎡
建筑面积: 176.55 ㎡
结构规模: 木造两层建筑
竣工时间: 2004 年

21. 取手的住宅
用地面积: 280.45 ㎡
建筑面积: 132.49 ㎡
结构规模: 木造两层建筑
竣工时间: 2006 年

22. 鹄沼海岸的住宅
用地面积: 393.03 ㎡
建筑面积: 156.55 ㎡
结构规模: 木造两层建筑
竣工时间: 2000 年

23. 茅野的住宅
用地面积: 1245.01 ㎡
建筑面积: 138.37 ㎡
结构规模: 木造两层建筑
竣工时间: 2013 年

24. 新小岩的住宅
用地面积: 330.58 ㎡
建筑面积: 141.98 ㎡
结构规模: 木造两层建筑
竣工时间: 2007 年

25. 丰川的住宅
用地面积: 238.33 ㎡
建筑面积: 194.68 ㎡
结构规模: 木造两层建筑
竣工时间: 2014 年

26. 丰田的住宅
用地面积: 306.96 ㎡
建筑面积: 146.28 ㎡
结构规模: 木造两层建筑
竣工时间: 2002 年

27. 箱根别墅
建筑面积: 82.2 ㎡
结构规模: 木造两层建筑
竣工时间: 1980 年

28. 三鹰的住宅
用地面积: 156.61 ㎡
建筑面积: 115.4 ㎡
结构规模: 木造两层建筑
竣工时间: 2013 年

29. 稻荷町的住宅
用地面积: 304.64 ㎡
建筑面积: 152.46 ㎡
结构规模: 木造两层建筑
竣工时间: 2011 年

30. 川内町的住宅
用地面积: 347.25 ㎡
建筑面积: 207.95 ㎡
结构规模: 木造两层建筑
竣工时间: 2004 年

31. 草加市的住宅
用地面积: 322.19 ㎡
建筑面积: 130.7 ㎡
结构规模: 木造（层积材构造）两层建筑
竣工时间: 2012 年

32. 有茶室的住宅
用地面积: 441.82 ㎡
建筑面积: 157.35 ㎡
结构规模: 木造两层建筑
竣工时间: 2008 年

33. 空间居
用地面积: 434.98 ㎡
建筑面积: 287.78 ㎡
结构规模: 木造 （部分钢筋混凝土构造）两层建筑
竣工时间: 2005 年

34. 兼做医院的住宅
用地面积: 110.32 ㎡
建筑面积: 170.69 ㎡
结构规模: 木造 + 钢筋混凝土地下一层地上两层建筑
竣工时间: 2001 年

35. 杉户町的住宅
用地面积: 410.02 ㎡
建筑面积: 152.29 ㎡
结构规模: 木造两层建筑
竣工时间: 2010 年

36. 西方町的住宅
用地面积: 1408.71 ㎡
建筑面积: 177.21 ㎡
结构规模: 木造平房
竣工时间: 2004 年

37. 小平的住宅
用地面积: 277.559 ㎡
建筑面积: 138.28 ㎡
结构规模: 木造两层建筑
竣工时间: 2002 年

第 3 章

38. 我孙子市的住宅
用地面积: 174.81 ㎡
建筑面积: 122.02 ㎡
结构规模: 木造两层建筑
竣工时间: 2003 年

39. 四条畷市的住宅
用地面积: 220.03 ㎡
建筑面积: 140.76 ㎡
结构规模: 木造（层积材构造）两层构造
竣工时间: 2000 年

40. 菊名的住宅
用地面积: 131.51 ㎡
建筑面积: 156.1 ㎡
结构规模: 木造 （部分钢筋混凝土构造）地下一层地上两层建筑
竣工时间: 2003 年

41. 仙谷望楼
用地面积: 481.11 ㎡
建筑面积: 180.93 ㎡
结构规模: 木造 + 钢筋混凝土构造两层建筑
竣工时间: 2005 年

42. 多摩市的住宅
用地面积：333.59 ㎡
建筑面积：150.01 ㎡
结构规模：木造平房
竣工时间：2013 年

43. 日野的住宅
用地面积：200.32 ㎡
建筑面积：233.66 ㎡
结构规模：木造（部分钢筋混凝土构造）地下一层地上二层建筑
竣工时间：2004 年

44. 朝霞的住宅
用地面积：186.37 ㎡
建筑面积：99.93 ㎡
结构规模：木造两层建筑
竣工时间：1998 年

45. 善福寺的住宅
用地面积：135.34 ㎡
建筑面积：162.23 ㎡
结构规模：木造（部分钢筋混凝土构造）地下一层地上两层建筑
竣工时间：2011 年

46. 西落合的住宅
用地面积：161.76 ㎡
建筑面积：192.9 ㎡
结构规模：木造三层建筑
竣工时间：1999 年

47. 南浦和的住宅
用地面积：165.36 ㎡
建筑面积：143.65 ㎡
结构规模：木造两层建筑
竣工时间：2004 年

48. 天王台的住宅
用地面积：161.95 ㎡
建筑面积：132.16 ㎡
结构规模：木造两层建筑
竣工时间：2008 年

第 4 章

49. 九品佛的住宅
用地面积：168.41 ㎡
建筑面积：143.22 ㎡
结构规模：木造三层建筑
竣工时间：2001 年

50. 房总岬的住宅
用地面积：646.51 ㎡
建筑面积：155.89 ㎡
结构规模：木造（部分钢筋混凝土构造）平房
竣工时间：2005 年

51. 飘浮屋顶的住宅
用地面积：171.95 ㎡
建筑面积：136.77 ㎡
结构规模：木造（层积材构造）两层建筑
竣工时间：2004 年

52. 横滨市的住宅
用地面积：273.56 ㎡
建筑面积：174.05 ㎡
结构规模：木造两层建筑
竣工时间：2002 年

53. 扇居
用地面积：450.56 ㎡
建筑面积：142.95 ㎡
结构规模：木造（层积材构造）两层建筑
竣工时间：2005 年

54. 八王子市西侧的住宅
用地面积：81.34 ㎡
建筑面积：64.81 ㎡
结构规模：木造两层建筑
竣工时间：2014 年

55. 东秩父的住宅
用地面积：255.03 ㎡
建筑面积：118.27 ㎡
结构规模：木造平房
竣工时间：2003 年

56. 深泽的住宅
用地面积：118.1 ㎡
建筑面积：185.98 ㎡
结构规模：木造 + 钢筋混凝土构造地下一层地上两层建筑
竣工时间：2006 年

57. 饭能的住宅
用地面积：536.68 ㎡
建筑面积：172.72 ㎡
结构规模：木造两层建筑
竣工时间：2009 年

58. 印西的住宅
用地面积：222.7 ㎡
建筑面积：118.54 ㎡
结构规模：木造（层积材）两层建筑
竣工时间：2007 年

59. 今户的住宅
用地面积：192.33 ㎡
建筑面积：319.47 ㎡
结构规模：钢筋混凝土构造（部分钢筋构造）四层建筑
竣工时间：2004 年

60. 春日野的住宅
用地面积：195.64 ㎡
建筑面积：159.07 ㎡
结构规模：木造两层建筑
竣工时间：2005 年

61. 户神台的住宅
用地面积：179.81 ㎡
建筑面积：119.67 ㎡
结构规模：木造两层建筑
竣工时间：2008 年

62. 惠比寿的住宅
用地面积：143.38 ㎡
建筑面积：175.03 ㎡
结构规模：木造两层建筑
竣工时间：2002 年

63. 有五个屋顶的住宅
用地面积：477.59 ㎡
建筑面积：325.03 ㎡
结构规模：钢筋混凝土构造两层建筑
竣工时间：2008 年

64. 日向冈的住宅
用地面积：308 ㎡
建筑面积：136.62 ㎡
结构规模：木造两层建筑
竣工时间：1994 年

65. 空庭舍
用地面积：285.12 ㎡
建筑面积：278.72 ㎡
结构规模：钢筋混凝土构造 + 木造两层建筑
竣工时间：2007 年

66. 棚楼居
用地面积：119 ㎡
建筑面积：215.74 ㎡
结构规模：钢筋混凝土构造四层建筑
竣工时间：2006 年

67. 市川市的住宅
用地面积：183.73 ㎡
建筑面积：175.15 ㎡
结构规模：木造两层建筑
竣工时间：2006 年

68. 筑波的住宅
用地面积：391.29 ㎡
建筑面积：136.29 ㎡
结构规模：木造平房
竣工时间：1999 年

69. 落叶庄
用地面积：729.24 ㎡
建筑面积：296.29 ㎡
结构规模：木造（部分钢筋混凝土构造）两层建筑
竣工时间：2007 年

70. 都筑的住宅
用地面积：211.19 ㎡
建筑面积：173.01 ㎡
结构规模：木造两层建筑
竣工时间：2010 年

71. 胶合层积材弧形住宅
用地面积：523.09 ㎡
建筑面积：119.27 ㎡
结构规模：木造（层积材构造）两层建筑
竣工时间：2005 年

第 5 章

72. 一不二异亭
用地面积：398.12 ㎡
建筑面积：67.9 ㎡
结构规模：木造平房
竣工时间：2000 年

73. 那须町的住宅
用地面积：1106.38 ㎡
建筑面积：181.35 ㎡
结构规模：木造（FSB 建造法）平房
竣工时间：2014 年

74. 真光寺町的住宅
用地面积：219.99 ㎡
建筑面积：163.35 ㎡
结构规模：木造（层积材）两层建筑
竣工时间：2002 年

75. 六实的住宅
用地面积：198.9 ㎡
建筑面积：153.03 ㎡
结构规模：木造两层建筑
竣工时间：2002 年

76. 相模原家
用地面积：441.79 ㎡
建筑面积：158.53 ㎡
结构规模：木造两层建筑
竣工时间：2008 年

77. 盐山的住宅
用地面积：196.25 ㎡
建筑面积：104.32 ㎡
结构规模：木造（层积材）两层建筑
竣工时间：2002 年

78. 鹭宫的住宅
用地面积：94.79 ㎡
建筑面积：179 ㎡
结构规模：木造（部分钢筋混凝土构造）地下一层地上两层建筑
竣工时间：1996 年

79. 东浪见的住宅
用地面积：2800.8 ㎡
建筑面积：83.902 ㎡
结构规模：木造两层建筑
竣工时间：1979 年

80. 北之馆的住宅
用地面积：265.74 ㎡
建筑面积：152.39 ㎡
结构规模：木造两层建筑
竣工时间：2005 年

81. 大泉家
用地面积：990 ㎡
建筑面积：198.65 ㎡
结构规模：木造（层积材构造）两层建筑
竣工时间：1998 年

82. 福生长屋门
用地面积：318.67 ㎡
建筑面积：235.01 ㎡
结构规模：木造两层建筑
竣工时间：1996 年

83. 北上尾的住宅
用地面积：476.9 ㎡
建筑面积：148.23 ㎡
结构规模：木造平房
竣工时间：2011 年

84. 大田区的住宅
用地面积：216.54 ㎡
建筑面积：155.44 ㎡
结构规模：木造两层建筑
竣工时间：2004 年

图书在版编目（CIP）数据

日本住宅解剖图鉴：打造美丽住宅的85个法则 /
（日）藤原昭夫著；张伦译. -- 南京：江苏凤凰科学技
术出版社，2018.1
　　ISBN 978-7-5537-8700-8

　　Ⅰ．①日… Ⅱ．①藤… ②张… Ⅲ．①住宅－建筑设
计－日本－现代－图集 Ⅳ．①TU241-64

　　中国版本图书馆CIP数据核字(2017)第279888号

江苏省版权局著作权合同登记号：10-2017-389

85 RULES FOR BEAUTIFUL AND COMFORTABLE HOUSE DESIGN
© AKIO FUJIWARA & YUI-SEKKEI 2016
Originally published in Japan in 2016 by X-Knowledge Co., Ltd.
Chinese (in simplified character only) translation rights arranged with
X-Knowledge Co., Ltd.

日本住宅解剖图鉴　打造美丽住宅的85个法则

著　　　者	[日] 藤原昭夫	
译　　　者	张 伦	
项 目 策 划	凤凰空间 / 李雁超	
责 任 编 辑	刘屹立　赵　研	
特 约 编 辑	李雁超	

出 版 发 行	江苏凤凰科学技术出版社
出版社地址	南京市湖南路1号A楼，邮编：210009
出版社网址	http：//www.pspress.cn
总 经 销	天津凤凰空间文化传媒有限公司
总经销网址	http：//www.ifengspace.cn
印　　刷	北京博海升彩色印刷有限公司

开　　本	889 mm×1194 mm　1 / 16
印　　张	12
字　　数	150 000
版　　次	2018年1月第1版
印　　次	2018年1月第1次印刷

标 准 书 号	ISBN 978-7-5537-8700-8
定　　价	88.00元

图书如有印装质量问题，可随时向销售部调换（电话：022-87893668）。